U0306151

百山祖国家公园野生兰科植物

蒋燕锋　徐　必　王军峰　主编

中国农业科学技术出版社

China Agricultural Science and Technology Press

图书在版编目（CIP）数据

百山祖国家公园野生兰科植物 / 蒋燕锋，徐必，王军峰主编 . — 北京：
中国农业科学技术出版社，2023.7

ISBN 978-7-5116-6265-1

Ⅰ.①百⋯　　Ⅱ.①蒋⋯ ②徐⋯ ③王⋯　　Ⅲ.①国家公园 – 兰科 – 野生
植物 – 庆元县 – 图集　　Ⅳ.① Q949.71-64

中国国家版本馆 CIP 数据核字（2023）第 073260 号

责任编辑	张志花
责任校对	李向荣
责任印制	姜义伟　王思文

出 版 者　中国农业科学技术出版社
　　　　　北京市中关村南大街 12 号　　邮编：100081
电　　话　（010）82106636（编辑室）　（010）82109702（发行部）
　　　　　（010）82109709（读者服务部）
网　　址　https://castp.caas.cn
经 销 者　各地新华书店
印 刷 者　北京中科印刷有限公司
开　　本　185 mm×260 mm　1/16
印　　张　13.75
字　　数　200 千字
版　　次　2023 年 7 月第 1 版　2023 年 7 月第 1 次印刷
定　　价　158.00 元

《百山祖国家公园野生兰科植物》

编 委 会

主　编： 蒋燕锋　徐　必　王军峰

副主编： 谢建秋　潘心禾　李泽建　吴东浩　谢文远　李　桥　陈定云

编　委：（排名不分先后）

蒋燕锋　徐　必　谢建秋　潘心禾　王军峰　李泽建　陈定云

李　桥　杨先裕　华金渭　姚　宏　周　婧　吴东浩　钟建平

谢文远　梅旭东

摄　影： 王军峰　钟建平　黄春晓　谢文远　刘　西　鲍洪华　陈炳华

王　璐　张思宇　黄　科

组织编写单位： 丽水市农林科学研究院

华东药用植物园科研管理中心

前　言

兰科为被子植物的三大科之一，全世界约有 800 属 25 000 种。目前的研究表明，中国兰科植物约为 194 属 1400 种。根据《浙江植物志（新编）》的记载，浙江有兰科植物 54 属 121 种。兰科植物花部构造高度特化，在植物界的系统演化上属于最进化、最高级的类群之一。通常可通过对兰科植物的调查来评估一些地区生物多样性的丰富度和保护现状等。

百山祖国家公园是以浙江凤阳山—百山祖国家级自然保护区所在区域为核心，并按照园内园外差异联动，构建成"保护控制区 + 辐射带动区 + 联动发展区"三层级全域联动发展格局的全市域共建共享的国家公园。项目团队以百山祖国家公园核心保护区为重点，以《百山祖国家公园全域联动发展规划（2021—2025 年）》重点构建的"保护控制区 + 辐射带动区 + 联动发展区"三层级全域联动为调查范围，在其三层级全域联动区中不同海拔、林分、崖壁，设置样线 58 条，结合 480 个样方和 13 株样木，开展野生兰科植物多样性调查，共记录 527 次兰科植物，并初步划分为罕见（1 次）、少见（2~10 次）、常见（11 次及以上）3 个类别，保存原始生境和不同生长期、营养期、生育期照片，并结合相关文献资料，以《国家重点保护野生植物名录》和《浙江植物志（新编）·第十卷　被子植物（单子叶植物：莎草科至兰科）》等为主要依据，通过精细解剖、形态学鉴定，对所有调查到的兰科植物进行分类鉴定，分析鉴定出 95 种野生兰科植物，编制了《百山祖国家公园野生兰科植物资源名录》，编撰成《百山祖国家公园野生兰科植物》一书。

《百山祖国家公园野生兰科植物》一书得以顺利出版得到了百山祖国家公园兰科

植物资源多样性与分布格局研究（2021KFLY04）项目、浙江省野生兰科植物资源专项调查资助。目前，本书按《浙江省植物志（新编）》兰科植物分类系统，共记录 47 属 95 种。其中波密斑叶兰、直立山珊瑚、多叶斑叶兰等多个种在丽水地区不同县域有新发现，莲花卷瓣兰等为丽水地区首次发现。有文献记载，丽水地区有分布的阔蕊兰、黄兰、阔叶沼兰、兔耳兰和苞舌兰在本次调查中未被记录到。在野外调查过程中，国家公园庆元、龙泉、景宁保护中心等均给予我们较大支持和帮助，我们深表感谢。本书凝聚了团队所有成员的心血，也是大家共同努力的结果，由于时间仓促、编者水平有限，可能尚有野生兰科种未被记录到，书中也可能有许多不足，欢迎各位专家和读者批评指正。

编者

2023 年 5 月

目 录

第一章 百山祖国家公园概况

一、建园背景 ··· 001

二、自然地理概况 ··· 001

  1. 地理位置与范围 ·· 001

  2. 自然环境 ·· 002

第二章 兰科植物资源现状

一、资源研究进展 ··· 003

二、资源保护价值和现状 ·· 004

三、野外资源调查与概况 ·· 007

  1. 调查方法 ·· 007

  2. 调查结果 ·· 007

第三章 百山祖国家公园野生兰科植物

一、白点兰属 *Thrixspermum* Lour. ································ 010

  1. 长轴白点兰 ·· 010

二、白及属 *Bletilla* Rchb. f. ·· 012

  2. 白及 ··· 012

三、斑叶兰属 *Goodyera* R. Br. ⋯⋯⋯⋯⋯⋯⋯⋯⋯⋯⋯⋯⋯⋯⋯ 014

    3. 斑叶兰 ⋯⋯⋯⋯⋯⋯⋯⋯⋯⋯⋯⋯⋯⋯⋯⋯⋯⋯⋯⋯⋯⋯⋯ 014

    4. 波密斑叶兰 ⋯⋯⋯⋯⋯⋯⋯⋯⋯⋯⋯⋯⋯⋯⋯⋯⋯⋯⋯⋯ 016

    5. 大花斑叶兰 ⋯⋯⋯⋯⋯⋯⋯⋯⋯⋯⋯⋯⋯⋯⋯⋯⋯⋯⋯⋯ 018

    6. 多叶斑叶兰 ⋯⋯⋯⋯⋯⋯⋯⋯⋯⋯⋯⋯⋯⋯⋯⋯⋯⋯⋯⋯ 020

    7. 绿花斑叶兰 ⋯⋯⋯⋯⋯⋯⋯⋯⋯⋯⋯⋯⋯⋯⋯⋯⋯⋯⋯⋯ 022

    8. 绒叶斑叶兰 ⋯⋯⋯⋯⋯⋯⋯⋯⋯⋯⋯⋯⋯⋯⋯⋯⋯⋯⋯⋯ 024

四、苞舌兰属 *Spathoglottis* Blume ⋯⋯⋯⋯⋯⋯⋯⋯⋯⋯⋯⋯⋯ 026

    9. 苞舌兰 ⋯⋯⋯⋯⋯⋯⋯⋯⋯⋯⋯⋯⋯⋯⋯⋯⋯⋯⋯⋯⋯⋯ 026

五、槽舌兰属 *Holcoglossum* Schltr. ⋯⋯⋯⋯⋯⋯⋯⋯⋯⋯⋯⋯ 028

    10. 短距槽舌兰 ⋯⋯⋯⋯⋯⋯⋯⋯⋯⋯⋯⋯⋯⋯⋯⋯⋯⋯⋯ 028

六、钗子股属 *Luisia* Gaudich. ⋯⋯⋯⋯⋯⋯⋯⋯⋯⋯⋯⋯⋯⋯⋯ 030

    11. 纤叶钗子股 ⋯⋯⋯⋯⋯⋯⋯⋯⋯⋯⋯⋯⋯⋯⋯⋯⋯⋯⋯ 030

七、葱叶兰属 *Microtis* R. Br . ⋯⋯⋯⋯⋯⋯⋯⋯⋯⋯⋯⋯⋯⋯⋯ 032

    12. 葱叶兰 ⋯⋯⋯⋯⋯⋯⋯⋯⋯⋯⋯⋯⋯⋯⋯⋯⋯⋯⋯⋯⋯ 032

八、带唇兰属 *Tainia* Blume ⋯⋯⋯⋯⋯⋯⋯⋯⋯⋯⋯⋯⋯⋯⋯⋯ 034

    13. 带唇兰 ⋯⋯⋯⋯⋯⋯⋯⋯⋯⋯⋯⋯⋯⋯⋯⋯⋯⋯⋯⋯⋯ 034

九、带叶兰属 *Taeniophyllum* Blume ⋯⋯⋯⋯⋯⋯⋯⋯⋯⋯⋯ 036

    14. 带叶兰 ⋯⋯⋯⋯⋯⋯⋯⋯⋯⋯⋯⋯⋯⋯⋯⋯⋯⋯⋯⋯⋯ 036

十、兜被兰属 *Neottianthe* (Rchb. f.) Schltr. ⋯⋯⋯⋯⋯⋯⋯ 038

    15. 二叶兜被兰 ⋯⋯⋯⋯⋯⋯⋯⋯⋯⋯⋯⋯⋯⋯⋯⋯⋯⋯⋯ 038

十一、独蒜兰属 *Pleione* D. Don ⋯⋯⋯⋯⋯⋯⋯⋯⋯⋯⋯⋯⋯ 040

    16. 台湾独蒜兰 ⋯⋯⋯⋯⋯⋯⋯⋯⋯⋯⋯⋯⋯⋯⋯⋯⋯⋯⋯ 040

十二、杜鹃兰属 *Cremastra* Lindl. ⋯⋯⋯⋯⋯⋯⋯⋯⋯⋯⋯⋯ 042

    17. 杜鹃兰 ⋯⋯⋯⋯⋯⋯⋯⋯⋯⋯⋯⋯⋯⋯⋯⋯⋯⋯⋯⋯⋯ 042

十三、萼脊兰属 *Sedirea* Garay et H.R. Sweet ⋯⋯⋯⋯⋯⋯ 044

    18. 短茎萼脊兰 ⋯⋯⋯⋯⋯⋯⋯⋯⋯⋯⋯⋯⋯⋯⋯⋯⋯⋯⋯ 044

十四、风兰属 *Neofinetia* Hu ··· 046
　　19. 风兰 ··· 046

十五、蛤兰属 *Conchidium* Griff. ·· 048
　　20. 高山蛤兰 ··· 048
　　21. 蛤兰 ··· 050

十六、隔距兰属 *Cleisostoma* Blume ····································· 052
　　22. 大序隔距兰 ··· 052
　　23. 蜈蚣兰 ··· 054

十七、鹤顶兰属 *Phaius* Lour. ··· 056
　　24. 黄花鹤顶兰 ··· 056

十八、厚唇兰属 *Epigeneium* Gagnep. ··································· 058
　　25. 单叶厚唇兰 ··· 058

十九、火烧兰属 *Epipactis* Zinn ·· 060
　　26. 尖叶火烧兰 ··· 060

二十、角盘兰属 *Herminium* L. ··· 062
　　27. 叉唇角盘兰 ··· 062

二十一、金线兰属（开唇兰） *Anoectochilus* Blume ··········· 064
　　28. 金线兰 ··· 064
　　29. 浙江金线兰 ··· 066

二十二、宽距兰属 *Yoania* Maxim. ·· 068
　　30. 宽距兰 ··· 068

二十三、阔蕊兰属 *Peristylus* Blume ····································· 070
　　31. 长须阔蕊兰 ··· 070
　　32. 狭穗阔蕊兰 ··· 072

二十四、兰属 *Cymbidium* Sw. ·· 074
　　33. 春兰 ··· 074
　　34. 多花兰 ··· 076
　　35. 蕙兰 ··· 078

36. 寒兰 ·· 080

37. 建兰 ·· 082

38. 落叶兰 ·· 084

39. 兔耳兰 ·· 086

二十五、对叶兰属 *Listera* R. Br. ················· 088

40. 日本对叶兰 ······································ 088

二十六、盆距兰属 *Gastrochilus* D. Don ········· 090

41. 台湾盆距兰 ······································ 090

42. 黄松盆距兰 ······································ 092

二十七、肉果兰属 *Cyrtosia* Blume ··············· 094

43. 血红肉果兰 ······································ 094

二十八、山兰属 *Oreorchis* Lindl. ················· 096

44. 长叶山兰 ·· 096

二十九、山珊瑚属 *Galeola* Lour. ················· 098

45. 直立山珊瑚 ······································ 098

三十、舌唇兰属 *Platanthera* Rich. ··············· 100

46. 黄山舌唇兰 ······································ 100

47. 密花舌唇兰 ······································ 102

48. 舌唇兰 ·· 104

49. 尾瓣舌唇兰 ······································ 106

50. 东亚舌唇兰 ······································ 108

51. 小舌唇兰 ·· 110

52. 大明山舌唇兰 ··································· 112

三十一、石豆兰属 *Bulbophyllum* Thouars ······ 114

53. 斑唇卷瓣兰 ······································ 114

54. 齿瓣石豆兰 ······································ 116

55. 广东石豆兰 ······································ 118

56. 瘤唇卷瓣兰 ······································ 120

57. 毛药卷瓣兰 ······································ 122

58. 宁波石豆兰 ······································ 124

59. 莲花卷瓣兰 ···················· 126

三十二、石斛属 *Dendrobium* Sw. ···················· 128

60. 梵净山石斛 ···················· 128
61. 铁皮石斛 ···················· 130
62. 细茎石斛 ···················· 132
63. 罗氏石斛 ···················· 134

三十三、石仙桃属 *Pholidota* Lindl. ex Hook. ···················· 136

64. 细叶石仙桃 ···················· 136

三十四、绶草属 *Spiranthes* Rich. ···················· 138

65. 绶草 ···················· 138
66. 香港绶草 ···················· 140

三十五、天麻属 *Gastrodia* R. Br. ···················· 142

67. 天麻 ···················· 142

三十六、头蕊兰属 *Cephalanthera* Rich. ···················· 144

68. 金兰 ···················· 144
69. 银兰 ···················· 146

三十七、吻兰属 *Collabium* Blume ···················· 148

70. 台湾吻兰 ···················· 148

三十八、无柱兰属 *Amitostigma* Schltr. ···················· 150

71. 无柱兰 ···················· 150
72. 大花无柱兰 ···················· 152

三十九、舌喙兰属 *Hemipilia* Lindl. ···················· 154

73. 盔花舌喙兰 ···················· 154

四十、虾脊兰属 *Calanthe* R. Br. ···················· 156

74. 反瓣虾脊兰 ···················· 156
75. 钩距虾脊兰 ···················· 158
76. 剑叶虾脊兰 ···················· 160
77. 翘距虾脊兰 ···················· 162
78. 虾脊兰 ···················· 164

79. 细花虾脊兰 ·························· 166

四十一、羊耳蒜属 *Liparis* Rich. ·························· 168

80. 长苞羊耳蒜 ·························· 168
81. 长唇羊耳蒜 ·························· 170
82. 见血青 ·························· 172
83. 香花羊耳蒜 ·························· 174
84. 齿突羊耳蒜 ·························· 176

四十二、玉凤花属 *Habenaria* Willd. ·························· 178

85. 鹅毛玉凤花 ·························· 178
86. 裂瓣玉凤花 ·························· 180
87. 湿地玉凤花 ·························· 182
88. 线叶十字兰 ·························· 184
89. 十字兰 ·························· 186

四十三、鸢尾兰属 *Oberonia* Lindl. ·························· 188

90. 小叶鸢尾兰 ·························· 188

四十四、沼兰属 *Malaxis* Sol. ex Sw. ·························· 190

91. 浅裂沼兰 ·························· 190
92. 小沼兰 ·························· 192

四十五、朱兰属 *Pogonia* Juss. ·························· 194

93. 朱兰 ·························· 194

四十六、竹叶兰属 *Arundina* Blume ·························· 196

94. 竹叶兰 ·························· 196

四十七、盂兰属 *Lecanorchis* Blume ·························· 198

95. 盂兰 ·························· 198

参考文献 ·························· 200

中文名索引 ·························· 202

百山祖国家公园野生兰科植物名录 ·························· 203

第一章
百山祖国家公园
概　况

一、建园背景

2005 年 8 月，时任浙江省委书记的习近平同志在龙泉市凤阳山考察时称赞"凤阳山是代表浙江的山，真是一幅山水大画卷。中国山水画讲究高远、深远、平远，在这里我都看到了"，并首次提出了"国家公园就是尊重自然"的理念。2006 年 7 月，时任浙江省委书记的习近平同志在丽水第七次调研时，鲜明地提出了"绿水青山就是金山银山，对丽水来说尤为如此"，并提出设立护林员、国家公园管理员、野生动物保护员等设想。丽水市委市政府按照浙江省第十四次党代会"培育新引擎，建设大花园"的部署，于 2017 年开始谋划以凤阳山—百山祖国家级自然保护区为基础创建国家公园。2019 年，国家林业和草原局将丽水确定为全国唯一的国家公园设立标准试验区。2020 年 1 月，国家公园管理局致函浙江省，建议凤阳山—百山祖等区域按"一园两区"思路与钱江源国家公园整合为一个国家公园，并于 2020 年试点结束前一并验收。2020 年 3 月，全市召开百山祖国家公园创建攻坚大会部署会，开启举全市之力建设国家公园新征程。2020 年 8 月，顺利完成国家公园集体林地地役权改革工作，《钱江源—百山祖国家公园总体规划（2020—2025 年）》通过专家评审。

二、自然地理概况

1. 地理位置与范围

百山祖国家公园位于龙泉、庆元、景宁交界区域，距离龙泉市区、庆元县城、

景宁畲族自治县县城、丽水市区分别为 15 km、15 km、60 km、200 km。规划面积为 50 529.46 hm²，以浙江凤阳山—百山祖国家级自然保护区所在区域为核心，涉及龙泉、庆元、景宁三县市 10 个乡镇（街道）、32 个行政村和庆元林场、万里林场、永青林场、凤阳山管理区 4 个林场（管理区）、10 个林区。其中，龙泉面积 24 906.61 hm²，占 49.29%；庆元面积 20 506.00 hm²，占 40.58%；景宁畲族自治县面积 5116.85 hm²，占 10.13%。国家公园分为核心保护区和一般控制区。其中，核心保护区面积 26 145.32 hm²，占总面积的 51.77%；一般控制区面积 24 360.33 hm²，占总面积的 48.23%。在此核心区基础上，以保护标准统一为前提，以连接交通网络构建为基础，构建了"保护控制区 + 辐射带动区 + 联动发展区"三层级全域联动发展格局。保护控制区为国家公园核心保护区和一般控制区；辐射带动区以国家公园入口社区为依托打造一批国家公园文旅休闲区，构建形成环国家公园产业带；联动发展区包括以丽水市区、龙泉市、庆元县、景宁畲族自治县为范围的一级联动区和以莲都区、青田县、缙云县、云和县、遂昌县、松阳县为范围的二级联动区。

2. 自然环境

丽水为浙江省辖陆地面积最大的地级市，有 1.73 万 km²，90% 以上的辖区面积是山地，素有"九山半水半分田"之称。百山祖国家公园地处武夷山系的仙霞岭山脉和洞宫山脉之中，以中山、丘陵地貌为主，最大海拔高差 1638 m，具有明显的垂直带谱和自然演替系列。在垂直尺度上跨越了中亚热带、北亚热带、暖温带和中温带 4 个气候带，保存了较为完整的山地垂直带谱。由西南向东北倾斜，境内海拔 1000 m 以上的山峰有 3573 座，被誉为"浙江绿谷"。囊括了浙江省 1800 m 以上的所有山峰，其中江浙第一高峰黄茅尖（1929 m）和第二高峰百山祖（1856.7 m），是浙江省第一大河钱塘江、第二大河瓯江和福建省第一大河闽江的发源地。国家公园内保有天然林 31 499 hm²，占森林总面积的 64%，其中，乔木林 28 892 hm²，占天然林资源的 92%。国家公园内植物群落已经处于较高的演替阶段，该区域处于地带性顶级群落的常绿阔叶林植被约有 3500 hm²，处于演替中期或后期的次生群落（落叶阔叶林、灌木林等）植被约有 13 000 hm²，占百山祖国家公园面积的 27%。

第二章

兰科植物资源现状

兰科（Orchidaceae）植物是世界上最珍贵的野生植物资源之一，是自然界生物多样性的重要组成部分，具有极高的观赏价值和经济价值。我国是世界上兰科植物最为丰富的国家之一，具有从原始到高级的一系列进化群。由于其生境破坏严重、过度开发以及气候变化等原因，兰科植物的种类和数量锐减，大多成为珍稀濒危植物，全球所有兰科植物均被列入《濒危野生动植物种国际贸易公约》（CITES）附录"限制贸易保护植物物种"中，占 90% 以上，是植物保护中的"旗舰"类群。2021 年 8 月 7 日，经国务院批准，由国家林业和草原局、农业农村部正式公布的《国家重点保护野生植物名录》中，小叶兜兰、铁皮石斛和春兰等 104 种兰科植物均在列。

一、资源研究进展

从 20 世纪起，我国开始建立自然保护区，虽然一方面对某些珍稀濒危物种起到了积极的保护作用，但是另一方面由于社会的高速发展，人们的社会需求不断扩大，生态环境被破坏的问题依然很严峻，这使得我国在兰科植物的保护上还有很多的工作需完成。2005 年 5 月，广西雅长兰科植物自治区级保护区在广西正式挂牌，这是我国第一个以兰科植物为主要保护对象的自然保护区。2009 年 9 月该保护区晋升为国家级自然保护区。

近年来，北京植物园（现国家植物园北园）、华南植物园、中国科学院昆明植物研究所、昆明市园林科学研究所、上海植物园、贵阳市园林局等都进行了个不同程度的研究和引种繁殖试验。基于兰科植物的珍稀性、特殊性和多样性，近几年来，针对不同区域开展兰科植物多样性调查和保护等研究开始丰富起来。杨霁琴等通过样线调查法对甘肃连城国家级自然保护区内的兰科植物展开调查，分析甘肃连城国家级自然保护区兰科植物的保护现状，提出了相应的保护策略。韦艺等通过查阅文献资料，结合实地走访和踏查，对广西河池市野生兰科植物资源的分布与生境进行调查。弓莉等确定西藏南迦巴瓦分布兰科植物共 308 种，海拔段越接近，兰科植物种类相似性系数越高；海拔段相隔越远，相似性系数越小。邓朝义等经过对黔西南州兰科石斛属植物多年的调查研究，发现有 23 种野生分布种，多数种类处于濒危状态，野外资源急剧减少，急需采取原地保护、迁地保护和回归工程。高旭珍等研究发现秦岭兰科植物种类丰富，温带性质显著；起源古老，新老兼并；特有成分繁多；珍稀濒危保护植物聚集；丰富度随生境的变化而不同。胡会强等调查研究江西兰科药用植物资源种类、分布、利用及资源现状，为保护与合理利用兰科药用植物资源提供了理论依据。王喜龙等确定了藏东南地区的兰科植物种类及其生活型，结合系统发育分析了兰科植物垂直分布格局。邵玲等对广东肇庆市高要区活道镇春花岭野生金线莲开展生物学勘察，同时对春花岭野生种质提出了合理保护建议。杨林森等研究分析了湖北兰科植物的分布格局、区系及多样性特征。

二、资源保护价值和现状

兰科植物是一个庞大家族，很多品种都具有较高的药用价值，可作为珍稀名贵药材，具有良好的疗效。近年来，国内外学者对多种地生型兰科药用植物的化学成分进行了研究，表明兰科植物中的二氢菲和联苯、联菲类化合物具备抗菌或抑菌活性。从斑叶兰属植物中获得的几何异构体可以控制小白鼠的体重和肝脏的重量，具有保护肝脏的作用。从兰科植物中所提取出的如咖啡酸、香豆酸等衍生物，具有明显的抗氧化活性。杜鹃兰等兰科植物具有抗癌、抗肿瘤、治疗蛇虫咬伤、皮肤烫伤等作用；白及有消肿、止血、润肺的功效；竹叶兰可全草入药，有清热解毒、消炎的功效。除此之外，黑节草、金线兰等大部分的珍稀兰科植物都是珍贵的中草药材料。兰科植物同时具有极高的园林应用价值。从古至今，兰花不管是素雅的姿态，还是清幽的香味，都深受人们的喜爱，被称为花中君子。很多兰科植物可栽培形成兰花专类园，也可通过乔木的各类形态及其附生兰的搭配，营造整体性景观，具有极高的种植和观赏价值。兰花作为我国十大名花之一，它的文化价值既包含了审美价值、教育价值、伦理价值等，也包含了传承历史文化价值。同时，兰科植物还有食用、香用等价值。在我国，兰花经过加工后可用来酿制花酒，晒干后可以制成茶叶，一些兰花可以通过凉拌、烹饪的方式制作成美味佳肴。

许多珍稀兰科植物自身繁殖力低，是其濒危的主要原因之一。而目前全球面临气候变暖，部分兰科植物特别是中高山植物不能适应，开花结果受到严重影响，甚至自身生存也受到威胁。近几年夏秋季出现的连续干旱也导致部分物种无法适应，严重生长不良，数量逐渐减少。此外，诸多兰科植物的有性繁殖依赖于潮湿的环境和萌发菌与种子的结合，环境的改变往往导致这些必须条件单一或缺失，严重影响了兰科植物的有性繁殖。另外，人类活动也严重影响了兰科植物繁育与生长。野生兰科植物中有许多世界级的花卉名品，如独蒜兰属、兰属和石斛属等都具有较高的观赏价值，同时一些种类还具有较高的药用价值，如天麻、铁皮石斛、金线莲、白及等。因此，兰科植物或被大量收购异地种植，或作为中药材，更有甚者每次大量收购野生兰草，挑选

出市场价格高的少量植株后，其余销毁，这对兰科植物的野生资源造成了极为严重的破坏。研究人员前期调查发现，每到春秋两季，一些村民上山乱挖野生兰科植物的现象较多，部分农贸市场、景区周边时常有兜售兰科植物的，甚至还有外地兰贩和药贩流动采挖、收购。开展兰科植物种类、种群数量、分布现状等精准调查和科学分析，研究其多样性和区域分布格局现状等，提出保护对策措施，加强兰科植物野生资源保护显得刻不容缓。

三、野外资源调查与概况

1. 调查方法

2021 年 1 月至 2022 年 12 月，在百山祖国家公园三层级全域联动区中不同海拔、林分、崖壁，设置样带调查。根据本地区兰科生长特点，选择在 3—10 月，特别集中在 4—6 月兰科植物花期，参照《陆地生态系统生物观测规范》《陆地生物群落调查观测与分析》等调研方法，以专家团队为主，开展百山祖国家公园范围野外兰科植物多样性调查，调查内容包含兰科植物种类、分布、数量、海拔、生境、地被类型、生长状况、受胁迫因素等，详细记录兰科植物的种类、生活型（地生、腐生、附生）、海拔、所在地植被类型或生境类型等，特别注意收集保存调查时兰科植物的图片资料。核心保护区以样线与样本调查点线结合的方式，样线在调查区域内分布均匀，线路大范围覆盖保护区全境。根据样线调查的情况，在兰科植物分布比较集中、种类较多的区域设置调查样方，开展兰科植物多样性本底调查。结合野外调查及相关文献资料整理出研究区域内野生兰科植物，以 2021 年 9 月 8 日调整后的《国家重点保护野生植物名录》和《浙江植物志（新编）· 第十卷 被子植物（单子叶植物：莎草科至兰科）》等为主要依据，通过精细解剖、形态学鉴定，对所有调查到的兰科植物进行分类鉴定，编制了《百山祖国家公园野生兰科植物资源名录》。

2. 调查结果

对百山祖国家公园及联动区野生兰科植物 47 属的种类组成进行统计分析，并与浙江省的兰科植物和全国兰科植物区系进行比较。在百山祖国家公园及联动区的野生兰科植物 47 属中，兰属、石豆兰属和舌唇兰属种类最为丰富，各有 7 种，其次是斑叶兰属和虾脊兰属，各有 6 种；只含 1 种的属有 30 个，占本地区兰科植物总属数的

63.83%；含 2 种的属有 9 个，占总属数的 19.15%；含 5 种及以上的属有 7 个，占总属数的 14.89%。以《浙江省植物志（新编）》2021 版为依据，与浙江省野生兰科植物报道统计的和全中国登记的兰科植物数量进行比较，百山祖国家公园及联动区共记录野生兰科植物 47 属 95 种，分别占浙江省兰科植物总属数（《浙江省植物志（新编）》54 属）和总种数（121 种）的 87.04% 和 78.51%。

百山祖国家公园及联动区兰科植物中我国特有种 28 种，占兰科植物总数（95 种）的 29.47%，分别为盔花舌喙兰 *Hemipilia galeata*、大花无柱兰 *Amitostigma pinguicula*、浙江金线兰 *Anoectochilus zhejiangensis*、广东石豆兰 *Bulbophyllum kwangtungense*、宁波石豆兰 *Bulbophyllum ningboense*、毛药卷瓣兰 *Bulbophyllum omerandrum*、钩距虾脊兰 *Calanthe graciliflora*、落叶兰 *Cymbidium defoliatum*、梵净山石斛 *Dendrobium fanjingshanense*、铁皮石斛 *Dendrobium officinale*、罗氏石斛 *Dendrobium luoi*、台湾盆距兰 *Gastrochilus formosanus*、波密斑叶兰 *Goodyera bomiensis*、短距槽舌兰 *Holcoglossum flavescens*、见血青 *Liparis nervosa*、长苞羊耳蒜 *Liparis inaperta*、长唇羊耳蒜 *Liparis pauliana*、纤叶钗子股 *Luisia hancockii*、小沼兰 *Malaxis microtatantha*、长叶山兰 *Oreorchis fargesii*、细叶石仙桃 *Pholidota cantonensis*、黄山舌唇兰 *Platanthera whangshanensis*、大明山舌唇兰 *Platanthera damingshanica*、台湾独蒜兰 *Pleione formosana*、短茎萼脊兰 *Sedirea subparishii*、香港绶草 *Spiranthes hongkongensis*、带唇兰 *Tainia dunnii*、长轴白点兰 *Thrixspermum saruwatarii*。

第三章

百山祖国家公园 野生兰科植物

兰科 (Orchidaceae)，地生、附生或较少为腐生草本，极罕为攀缘藤本；地生与腐生种类常有块茎或肥厚的根状茎，附生种类常有由茎的一部分膨大而成的肉质假鳞茎。叶基生或茎生，后者通常互生或生于假鳞茎顶端或近顶端处，扁平或有时圆柱形或两侧压扁，基部具或不具关节。花葶或花序顶生或侧生；花常排列成总状花序或圆锥花序，少有为缩短的头状花序或减退为单花，两性，通常两侧对称；花被片 6，2 轮；萼片离生或不同程度的合生；中央 1 枚花瓣的形态常有较大的特化，明显不同于 2 枚侧生花瓣，称唇瓣，唇瓣由于花（花梗和子房）作 180° 扭转或 90° 弯曲，常处于下方（远轴的一方）；子房下位，1 室，侧膜胎座，较少 3 室而具中轴胎座；除子房外整个雌雄蕊器官完全融合成柱状体，称蕊柱；蕊柱顶端一般具药床和 1 个花药，腹面有 1 个柱头穴，柱头与花药之间有 1 个舌状器官，称蕊喙（源自柱头上裂片），极罕具 2~3 枚花药（雄蕊）、2 个隆起的柱头或不具蕊喙的；蕊柱基部有时向前下方延伸成足状，称蕊柱足，此时 2 枚侧萼片基部常着生于蕊柱足上，形成囊状结构，称萼囊；花粉通常黏合成团块，称花粉团，花粉团的一端常变成柄状物，称花粉团柄；花粉团柄连接于由蕊喙的一部分变成固态黏块即黏盘上，有时黏盘还有柄状附属物，称黏盘柄；花粉团、花粉团柄、黏盘柄和黏盘连接在一起，称花粉块，但有的花粉块不具花粉团柄或黏盘柄，有的不具黏盘而只有黏质团。果实通常为蒴果，较少呈荚果状，具极多种子。种子细小，无胚乳，种皮常在两端延长成翅状。约 800 属 25 000 种，分布于热带、亚热带和温带地区，尤以亚洲热带地区和南美洲为多。我国有 194 属约 1400 种，主要分布于西南部至台湾；浙江有 54 属 121 种。百山祖国家公园记录到 47 属 95 种。有相关文献记载，丽水地区有分布的黄兰、阔蕊兰和阔叶沼兰在本次野外调查中没有被记录到。

一、白点兰属 *Thrixspermum* Lour.

多年生附生草本。茎上举或下垂，短或伸长，有时匍匐状，具少数至多数近二列的叶。叶扁平，密生而斜立于短茎或较疏散地互生在长茎上。总状花序侧生于茎，长或短，单个或数个，具少数至多数花；花小至中等大，逐渐开放，花期短，常1天后凋萎；花苞片常宿存，二列或呈螺旋状排列，萼片和花瓣多少相似，短或狭长；唇瓣贴生在蕊柱足上，3裂；侧裂片直立，中裂片较厚，基部囊状或距状，囊的前面内壁上常具1胼胝体。蒴果圆柱形，细长。全属约120种，分布于热带亚洲至大洋洲。我国有12种，分布于南方各省份。浙江有1种，百山祖国家公园及其联动区记录到1种。

1 长轴白点兰
Thrixspermum saruwatarii (Hayata) Schltr.

【花 果 期】花期3—4月。

【分　　　布】见于龙泉市道太乡等地，海拔540～700 m。

【生　　　境】附生于溪谷边大树枝干上。

【类　　　别】少见。

【用　　　途】有较高的观赏价值。

【保护级别】《中国物种红色名录》近危。

二、白及属 *Bletilla* Rchb. f.

多年生地生草本。假鳞茎扁球形，具荸荠似的环纹，彼此连接成一串，生数条细长的根。茎直立，具 3~9 叶。叶互生，具折扇状叶脉，叶片与叶柄之间具关节，叶柄互相卷抱成茎状。总状花序顶生，具 3 至数花；苞片小，早落；花紫红色、黄色或白色，倒置，唇瓣位于下方；萼片离生，与花瓣相似；唇瓣 3 裂或几不裂，唇盘上面有 3~5 脊状褶片，基部无距。蒴果长圆状纺锤形，直立。全属约 6 种，分布于东亚。我国产 4 种，分布于西南至东南各地。浙江有 1 种，百山祖国家公园及其联动区记录到 1 种。

2 白及
Bletilla striata (Thunb.) Rchb. f.

【别　　名】白芨

【花 果 期】花期 4—6 月，果期 7—9 月。

【分　　布】见于庆元县百山祖镇、龙泉兰巨乡、景宁畲族自治县英川镇、遂昌县梭溪乡（牛头山）、青田县大源镇、莲都区峰源乡和缙云县、云和县等多地，海拔 350～850 m。

【生　　境】生于山坡路边草丛中、沟谷边滩地上或岩石缝中。

【类　　别】少见。

【用　　途】有收敛止血、消肿生肌的功效，也有较高的观赏价值。

【保护级别】《国家重点保护野生植物名录》Ⅱ级，《中国物种红色名录》濒危。

三、斑叶兰属 *Goodyera* R. Br.

多年生地生草本。根状茎常伸长，茎状，匍匐，具节，节上生根。茎直立，具叶。叶互生，稍肉质，具柄，上面常具杂色的斑纹。花序顶生，具少数至多花，总状，稀因花小、多而密似穗状；花常较小或小；萼片离生，近相似，背面常被毛，中萼片直立，凹陷，与花瓣黏合成兜状；侧萼片直立或张开；唇瓣围绕蕊柱基部，不裂，无爪，基部凹陷成囊状，前部渐狭，先端多少向外弯曲，囊内常有毛；蕊柱短，无附属物。蒴果直立，无喙。全属约 100 种，主要分布于北温带、亚热带，非洲南部、澳大利亚东北部也有。我国约有 29 种，分布于东南及西南各地。浙江有 9 种，百山祖国家公园及其联动区记录到 6 种。

3 斑叶兰
Goodyera schlechtendaliana Rchb. f.

【花 果 期】花期 9—10 月。

【分　　布】见于庆元县贤良镇、景宁畲族自治县秋炉乡及沙湾镇等丽水各县市区，海拔 500～1600 m。

【生　　境】生于山坡或沟谷林下、山间路边。

【类　　别】常见。

【用　　途】有清热解毒、消肿止痛的功效。

【保护级别】《中国物种红色名录》近危。

4 波密斑叶兰
Goodyera bomiensis K.Y. Lang

【花 果 期】花期 5—9 月。

【分　　布】见于景宁畲族自治县景南乡、青田县巨浦乡师姑湖和遂昌
县等地，海拔 760～1200 m。为浙江分布新记录种。

【生　　境】生于山坡林下阴湿处或潮湿岩壁上。

【类　　别】少见。

【保护级别】《中国物种红色名录》易危。

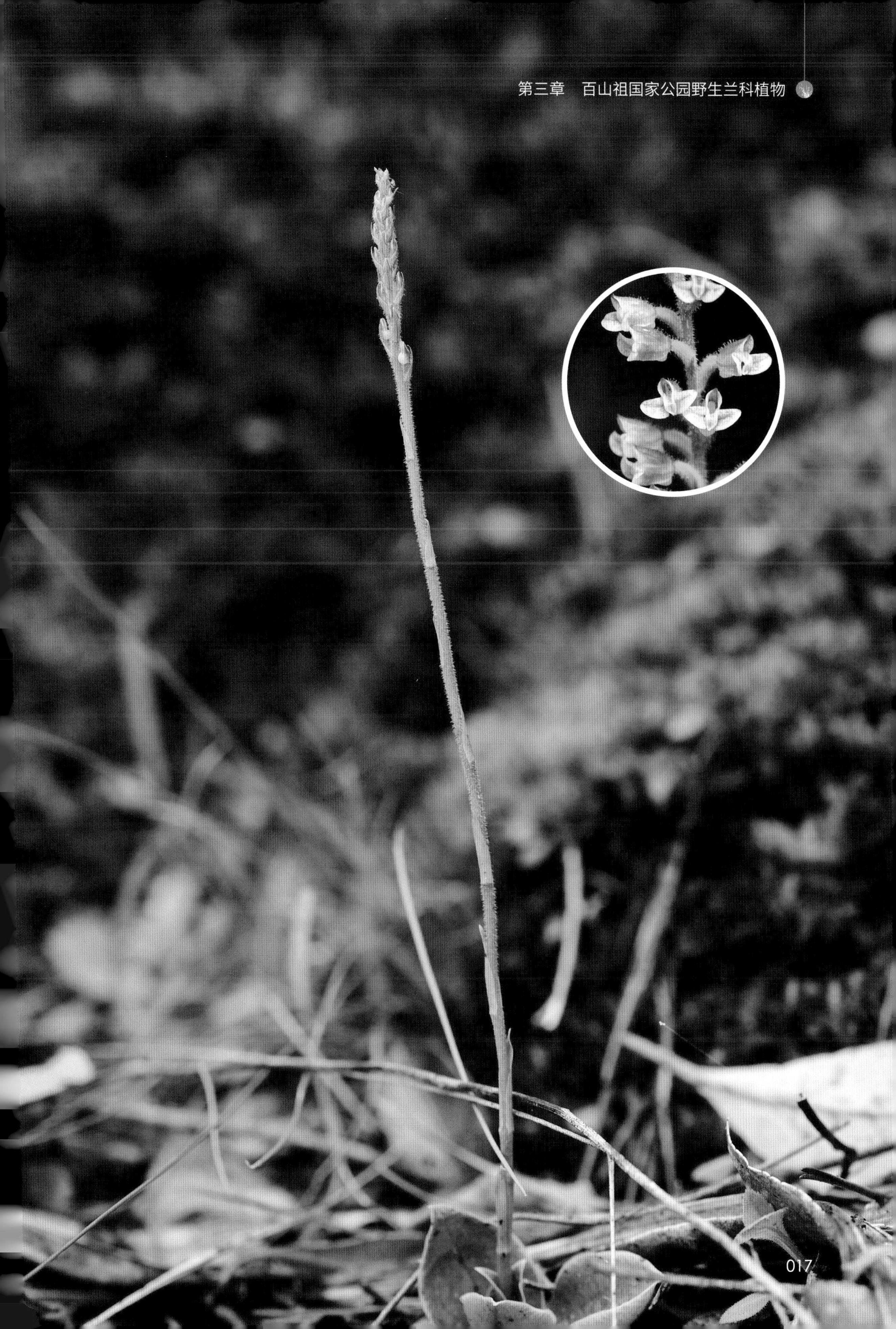

5 大花斑叶兰
Goodyera biflora Hook. f.

【花 果 期】花期6—7月，果期10月。

【分　　布】见于庆元县松源街道（巾子峰）、龙泉市道太乡、遂昌县九龙山、景宁畲族自治县、松阳县、莲都区等地，海拔500～1000 m。

【生　　境】生于山坡林下或山坡草地中。

【类　　别】少见。

【保护级别】《中国物种红色名录》近危。

6 多叶斑叶兰
Goodyera foliosa (Lindl.) Benth.

【花 果 期】花期 8—9 月，果期 10 月。

【分　　布】见于景宁畲族自治县九龙乡、莲都区峰源乡、青田县祯旺乡和庆元县等地，海拔 200～800 m。

【生　　境】生于林下或沟谷阴湿处。

【类　　别】少见。

7 绿花斑叶兰
Goodyera viridiflora (Blume) Lindl. ex D. Dietr.

【花　果　期】花期 8—9 月，果期 10 月。

【分　　　布】见于庆元县百山祖镇、龙泉市道太乡和安仁镇、景宁畲族自治县东坑镇（草鱼塘）及鹤溪街道、莲都区峰源乡和老竹镇、缙云县石笕乡、遂昌县黄沙腰镇（九龙山）、云和县云坛乡、青田县万山乡等多地，海拔 200～1400 m。

【生　　　境】生于林下或沟谷阴湿处。

【类　　　别】常见。

8 绒叶斑叶兰
Goodyera velutina Maxim. ex Regel

【花 果 期】花期7—10月。

【分　　布】见于庆元县百山祖镇和松源街道（巾子峰）、龙泉市屏南乡（凤阳山）、遂昌县黄沙腰镇（九龙山）、松阳县枫坪乡（箬寮岘）等地，海拔900～1200 m。

【生　　境】生于山坡林下阴湿地或沟谷林下。

【类　　别】少见。

四、苞舌兰属 *Spathoglottis* Blume

多年生地生草本，具宽卵形或扁球形的假鳞茎。假鳞茎长或短，具 1~3 叶。叶近基生，具柄。花葶侧生于假鳞茎侧面基部，直立，基部具数鞘；总状花序疏生数花；花倒置，唇瓣位于下方；萼片离生，几等长，侧萼片较宽；花瓣与萼片相似；唇瓣 3 裂，基部无距，侧裂片稍叉开，中裂片舌状或卵圆形，具爪，爪两侧常具齿或耳状物，唇盘具龙骨状或鸡冠状附属物。全属约 46 种，分布于热带亚洲至澳大利亚和太平洋岛屿。我国有 2 种，分布于长江流域及其以南各地；浙江有 1 种，百山祖国家公园及联动区记录到 1 种。

 苞舌兰
Spathoglottis pubescens Lindl.

【花 果 期】花期 6—9 月。

【分　　布】见于龙泉市屏南乡（凤阳山）、遂昌县黄沙腰镇（九龙山）等地，海拔 700～1000 m。

【生　　境】生于山坡路旁草丛中或疏林下。

【类　　别】少见。

五、槽舌兰属 *Holcoglossum* Schltr.

多年生附生草本。茎短，被宿存的叶鞘所包，具许多长而较粗的根。叶肉质，圆柱形或半圆柱形，近轴面具纵沟，或横切面为"V"字形的狭带形，先端锐尖，基部具关节并且扩大为彼此套叠的鞘。花序侧生，不分枝，总状花序具少数至多花；苞片比花梗和子房短；花较大，萼片在背面中肋增粗或呈龙骨状突起，侧萼片较大，常歪斜；花瓣稍小，或与中萼片相似；唇瓣 3 裂，侧裂片直立，中裂片较大，基部常有附属物；距通常细长而弯曲；蕊柱粗短，具翅，无蕊柱足或具很短的足；蕊喙短而尖，2 裂；花粉块 2，蜡质，球形，具裂隙；黏盘柄狭窄，向基部变狭；黏盘比黏盘柄宽。全属约 8 种，分布于东南亚至印度东北部。我国 8 种均产，分布于西南、东南各地；浙江有 1 种，百山祖国家公园及联动区记录到 1 种。

10 短距槽舌兰

Holcoglossum flavescens (Schltr.) Tsi

【花 果 期】花期 4—5 月，果期 8—9 月。

【分　　布】见于庆元县百山祖镇（百山祖）、龙泉市兰巨乡（凤阳山）和遂昌县等地，海拔 800～1200 m。

【生　　境】生于潮湿石壁上或常绿阔叶林中树干上。

【类　　别】少见。

【用　　途】有较高的观赏价值。

【保护级别】《中国物种红色名录》易危。

六、钗子股属 *Luisia* Gaudich.

多年生附生草本。茎簇生，圆柱形，木质化，通常坚挺，具多节，疏生多数叶。叶肉质，细圆柱形，基部具关节和鞘。总状花序侧生，远比叶短，花序轴粗短，密生少数至多花；花通常较小，多少肉质；萼片和花瓣离生，相似或花瓣较长而狭，侧萼片与唇瓣前唇并列而向前伸，在背面中肋常增粗或向先端变成翅，有时翅伸出先端之外又收狭成细尖或变为钻状；唇瓣肉质，牢固地着生于蕊柱基部，中部常缢缩而形成前后（上、下）唇，后唇常凹陷，基部常具围抱蕊柱的侧裂片（耳），前唇常向前伸展，上面常具纵皱纹或纵沟。全属约 50 种，分布于亚洲热带地区至大洋洲。我国有 10 种，分布于南部热带和亚热带地区；浙江有 1 种，百山祖国家公园及联动区记录到 1 种。

11 纤叶钗子股
Luisia hancockii Rolfe

【花 果 期】花期 5—6 月，果期 8 月。

【分　　布】见于庆元县百山祖镇（百山祖）、龙泉市屏南乡（凤阳山）和道太乡、景宁畲族自治县英川镇和鹤溪镇、缙云县溶江乡（岩门）、青田县祯旺乡等地，海拔 200～1200 m。

【生　　境】附生于崖壁、沟谷石壁或山地疏生林中树干上。

【类　　别】少见。

【用　　途】民间以全草入药，可用于治疗咽喉炎。

七、葱叶兰属 *Microtis* R. Br .

多年生地生小草本。地下具小块茎。茎纤细，直立，具 1 叶。叶片圆筒状，近轴面具纵槽，细长，下部完全抱茎，无明显叶柄，基部被鳞片状鞘。总状花序顶生，具数花至多花；苞片小；花梗极短；花小，通常扭转；萼片与花瓣离生，中萼片与侧萼片相似或较大；花瓣通常小于萼片；唇瓣贴生于蕊柱基部，通常不裂，较少分裂，基部有时有胼胝体，无距。全属约 14 种，主要分布于亚洲热带地区至大洋洲热带地区。我国有 1 种，分布于东南至西南各地；浙江也有，百山祖国家公园及联动区记录到 1 种。

12 葱叶兰
Microtis unifolia (G. Forst.) Rchb. f.

【花 果 期】花期 5—6 月，果期 9—10 月。

【分　　布】见于莲都区峰源乡等地，海拔 100～750 m。

【生　　境】生于山坡草地或荒坡草丛中。

【类　　别】少见。

【用　　途】有较高的观赏价值。

八、带唇兰属 *Tainia* Blume

多年生地生草本。根状茎横生。假鳞茎肉质，长纺锤形或长圆柱形，顶生 1 叶。叶片大，纸质，折扇状，具长柄；叶柄具纵条棱，无关节或在远离叶基处具 1 关节，基部被筒状鞘。花葶侧生于假鳞茎基部，直立，不分枝，被少数筒状鞘；总状花序具少数至多花；苞片膜质，披针形，比花梗和子房短；花中等大，开展；萼片和花瓣相似，侧萼片贴生于蕊柱基部或蕊柱足上；唇瓣贴生于蕊柱足末端，直立，基部具短距或浅囊，不裂或前部 3 裂，侧裂片多少围抱蕊柱，中裂片上面具脊突或褶片。全属约 15 种，分布于热带和亚热带地区。我国有 11 种，分布于西南至东南各地；浙江有 1 种，百山祖国家公园及联动区记录到 1 种。

13 带唇兰
Tainia dunnii Rolfe

【花 果 期】花期 5 月，果期 7 月。

【分　　布】见于庆元县百山祖镇（百山祖）、龙泉市兰巨乡（凤阳山）、缙云县大洋镇、莲都区峰源乡和白云街道（白云山）、景宁畲族自治县东坑镇（草鱼塘）等丽水各县市区，海拔 350～900 m。

【生　　境】生于山谷沟边、山坡林下或山间溪边。

【类　　别】常见。

【用　　途】有较高的观赏价值。

【保护级别】《中国物种红色名录》近危。

九、带叶兰属 *Taeniophyllum* Blume

多年生小型附生草本。茎短，几不可见，无绿叶，基部被多数淡褐色鳞片，具许多长而伸展的气生根。气生根圆柱形，扁圆柱形或扁平，紧贴于附体的树干表面，雨季常呈绿色，旱季时浅白色或淡灰色。总状花序直立，具少数花；花序柄和花序轴很短；苞片宿存，二列或多列互生；花小；萼片和花瓣离生或中部以下合生成筒；唇瓣不裂或 3 裂，着生于蕊柱基部，基部具距，先端有时具倒向的针刺状附属物。全属约 120 种，主要分布于亚洲热带地区和大洋洲，向北到达我国南部和日本，也见于西非。我国有 2 种或 3 种，分布于南方；浙江有 1 种，百山祖国家公园及联动区记录到 1 种。

14 带叶兰
Taeniophyllum glandulosum Blume

【花 果 期】花期 4—7 月，果期 6—10 月。

【分　　布】见于龙泉市道太乡和兰巨乡（凤阳山）、景宁畲族自治县英
　　　　　　　川镇、青田县祯埠镇（仰天湖）等地，海拔 500～1100 m。

【生　　境】常附生于山地林中树干上。

【类　　别】少见。

十、兜被兰属 *Neottianthe* (Rchb. f.) Schltr.

多年生地生草本。块茎圆球形或椭圆球形，肉质，颈部生几条细长的根。叶1或2，基生或茎生。总状花序顶生，常具多花；苞片直立伸展；花通常小，紫红色或淡红色，常偏向一侧，倒置，唇瓣位于下方；萼片近等大，彼此在 3/4 以上紧密靠合成兜；花瓣长条形或条状披针形，与中萼片贴生；唇瓣向前伸展，从基部向下反折，常 3 裂，中裂片长条形、条状舌形、长方形或卵形，侧裂片常较中裂片短而窄，基部具距。蒴果直立，无喙。全属约 7 种，主要分布于亚洲亚热带地区至北温带山地。我国有 7 种，主要分布于四川和云南；浙江有 1 种，百山祖国家公园及联动区记录到 1 种。

15 二叶兜被兰
Neottianthe cucullata (L.) Schltr.

【花 果 期】花期 8—9 月。

【分　　布】见于龙泉市兰巨乡（凤阳山）、庆元县百山祖镇、遂昌县黄沙腰镇（九龙山）和松阳县等地，海拔 550～1300 m。

【生　　境】生于山坡林下或草地。

【类　　别】少见。

【用　　途】有较高的观赏价值和药用价值。

【保护级别】《中国物种红色名录》易危。

十一、独蒜兰属 *Pleione* D. Don

多年生附生、半附生或地生小草本。假鳞茎常较密集，卵形、圆锥形至陀螺形，叶脱落后顶端通常有皿状或浅杯状的环。叶 1 或 2，生于假鳞茎顶端，通常纸质，多少具折扇状脉，有短柄，常在冬季凋落，少有宿存。花葶从老鳞茎基部发出，直立；花序具 1 或 2 花；苞片常有色彩，较大，宿存；花大而美丽；萼片离生，相似；花瓣常略狭于萼片；唇瓣不裂或 3 裂，基部常多少收狭，上部边缘啮蚀状或撕裂状，上面具 2 至数条纵褶片或沿脉具流苏状毛。蒴果纺锤状，具 3 纵棱，成熟时沿纵棱开裂。全属约 19 种，产于亚洲热带地区。我国有 16 种，多分布于西南、华中和华东；浙江有 2 种，百山祖国家公园及联动区记录到 1 种。

16 台湾独蒜兰
Pleione formosana Hayata

【花 果 期】花期 4—5 月，果期 7—9 月。

【分　　布】见于龙泉市兰巨乡（凤阳山）和住龙镇、庆元县百山祖镇、莲都区徐山村、景宁畲族自治县东坑镇等丽水各县市区，海拔 400～1500 m。

【生　　境】生于林下或林缘腐殖质丰富的土壤和岩石及岩壁上。

【类　　别】常见。

【用　　途】有清热解毒、消肿散结的功效。

【保护级别】《国家重点保护野生植物名录》Ⅱ级，《中国物种红色名录》易危，《世界自然保护联盟濒危物种红色名录》易危。

十二、杜鹃兰属 *Cremastra* Lindl.

多年生地生草本。具地下根状茎与假鳞茎。假鳞茎球茎状或近块茎状，基部密生多数纤维根。叶 1 或 2，生于假鳞茎顶端，常狭椭圆形，有时有紫色粗斑点，基部收狭成较长的叶柄。花葶侧生于假鳞茎上部的节上，直立或稍外弯，较长，中下部具 2 或 3 筒状鞘；总状花序具多花；花中等大，偏向同一侧，多少悬垂；萼片与花瓣离生，近相似，开展或多少靠合；唇瓣倒置，紫红色，长管状，仅先端张开，唇瓣下部或上部 3 裂，基部有爪并具浅囊，侧裂片常较狭而呈条形或狭长圆形，中裂片基部有 1 肉质突起。全属仅 2 种，分布于印度北部至日本。我国 2 种均产，分布于秦岭以南；浙江有 1 种，百山祖国家公园及联动区记录到 1 种。

17 杜鹃兰
Cremastra appendiculata (D. Don) Makino

【花 果 期】花期 5—6 月，果期 9—10 月。

【分　　布】见于龙泉市兰巨乡（凤阳山）、景宁畲族自治县英川镇和云和县等地，海拔 800～1000 m。

【生　　境】生于林下、沟谷边或沟边湿地。

【类　　别】少见。

【用　　途】有清热解毒、消肿散结的功效，也有较高的观赏价值。

【保护级别】《国家重点保护野生植物名录》Ⅱ级，《中国物种红色名录》近危。

十三、萼脊兰属 *Sedirea* Garay et H.R. Sweet

多年生附生草本。茎短，具数枚叶。叶二列，稍肉质或厚革质，扁平，狭长，先端钝并且不等侧 2 浅裂，基部无柄。总状花序从叶腋中发出，疏生数花；苞片宽卵形，比花梗连同子房短；花中等大，开展；萼片和花瓣近相似，侧萼片贴生在蕊柱足上；唇瓣基部以 1 个活动关节与蕊柱基部或蕊柱足末端连接，3 裂，侧裂片直立，中裂片下弯，基部有距。全属有 2 种，分布于日本、朝鲜半岛南部。我国 2 种均产；浙江有 2 种，百山祖国家公园及联动区记录到 1 种。

18 短茎萼脊兰
Sedirea subparishii (Tsi) Christenson

【花 果 期】花期 5—6 月，果期 9 月。

【分　　布】见于龙泉市住龙镇、莲都区峰源乡、松阳县新兴镇、青田县章村乡和庆元县、景宁畲族自治县等地，海拔 300～1100 m 。

【生　　境】附生于常绿阔叶林的树干上。

【类　　别】少见。

【用　　途】有较高的观赏价值。

【保护级别】《中国物种红色名录》濒危。

十四、风兰属 *Neofinetia* Hu

多年生附生小草本。具长而弯曲、稍扁的发达气生根。茎极短，被多数密集而二列互生的叶。叶斜立而外弯成镰刀状，多少呈"V"字形对折，先端尖，基部具关节和鞘，在背面中肋隆起成龙骨状。总状花序腋生，极短，疏生少数花；花中等大，开放；萼片与花瓣相似，中萼片与花瓣稍反折，侧萼片向前叉开，稍扭转，内面朝下，背面朝上；唇瓣 3 裂，侧裂片直立，中裂片向前伸展而稍下弯，基部具附属物。全属约 2 种，分布于东亚。我国 2 种均产；浙江有 1 种，百山祖国家公园及联动区记录到 1 种。

19 风兰
Neofinetia falcata (Thunb.) Hu

【花 果 期】花期 4—6 月，果期 8 月。

【分　　布】景宁畲族自治县东坑镇和大均乡、青田县东源镇、莲都区碧湖镇、松阳县象溪镇和龙泉市、云和县、庆元县等地，海拔 200～1000 m。

【生　　境】附生于岩石或山地林中树干上。

【类　　别】少见。

【用　　途】有较高的观赏价值。

【保护级别】《中国物种红色名录》濒危。

十五、蛤兰属 *Conchidium* Griff.

多年生附生草本，茎常膨大成种种形状的假鳞茎，具1至多节，基部被鞘。叶1至数枚，通常生于假鳞茎顶端或近顶端的节上。花葶侧生或顶生于假鳞茎上，常排成总状，较少减退为单花，通常被毛；苞片小或稍大；花通常较小；萼片背面与子房被绒毛或无毛；萼片离生，侧萼片多少与蕊柱足合生成萼囊；花瓣与中萼片相似或较小；唇瓣生于蕊柱足末端，具或不具关节，无距，常3裂，上面通常有纵脊或胼胝体。蒴果圆柱形。全属约370种，主要分布于亚洲热带地区至大洋洲。我国有43种；浙江有2种，百山祖国家公园及联动区记录到2种。

20 高山蛤兰
Conchidium japonicum (Maxim.) S.C. Chen et J.J. Wood

【花 果 期】花期6—7月，果期8月。

【分　　布】见于遂昌县黄沙腰镇（九龙山）、景宁畲族自治县东坑镇及牛头寨和缙云县等地，海拔350～800 m。

【生　　境】附生于树干或林中岩石上。

【类　　别】少见。

21 蛤兰
Conchidium pusillum Griff.

【别　　名】小毛兰

【花 果 期】花期 10—11 月。

【分　　布】见于景宁畲族自治县等地，海拔 400～700 m。

【生　　境】常与苔藓混生，附生于溪谷石壁上。

【类　　别】少见。

十六、隔距兰属 *Cleisostoma* Blume

多年生附生草本。茎长或短，质地硬，直立或下垂，少有匍匐，分枝或不分枝，具多节。叶少数至多数；叶片质地厚，二列，扁平，半圆柱形或细圆柱形，先端锐尖或钝，并且不等侧 2 裂，基部具关节和抱茎的叶鞘。总状花序或圆锥花序侧生，具多花；花苞片小，远比花梗和子房短；花小，多少肉质，开放；萼片离生，侧萼片常歪斜；花瓣通常比萼片小；唇瓣贴生于蕊柱基部或蕊柱足上，基部具囊状的距，3 裂，唇盘通常具纵褶片或脊突；距内具纵隔膜，在内面背壁上方具 1 形状多样的胼胝体。全属约 100 种，分布于亚洲热带地区至大洋洲。我国约有 17 种，1 变种，主要分布于西南地区；浙江有 2 种，百山祖国家公园及联动区记录到 2 种。

22 大序隔距兰
Cleisostoma paniculatum (Ker-Gawl.) Garay

【花 果 期】花期 4—5 月。

【分　　布】见于庆元县屏都街道及隆宫乡等地，海拔 500～850 m。

【生　　境】生于溪边林中的树干上或沟谷林下的岩石上。

【类　　别】少见。

23 蜈蚣兰

Cleisostoma scolopendrifolium (Makino) Garay

【花 果 期】花期 6—7 月。

【分　　布】见于景宁畲族自治县东坑镇、青田县万山乡及祯埠乡、松阳县新兴镇和庆元县、莲都区、缙云县等地，海拔 250～850 m。

【生　　境】附生于树干上或石壁上。

【类　　别】少见。

【用　　途】有清热解毒、润肺止血的功效。

十七、鹤顶兰属 *Phaius* Lour.

多年生地生草本。根圆柱形，粗壮，长而弯曲，密被淡灰色绒毛。假鳞茎丛生，长或短，具少至多数节，常被鞘。叶大，数枚，互生于假鳞茎上部，基部收狭为柄并下延为长鞘，具折扇状脉，干后变靛蓝色；叶鞘紧抱于茎或互相套叠而形成假茎。花葶1或2，侧生于假鳞茎节上或从叶腋中发出，高于或低于叶层；总状花序具数花；花通常大而美丽；萼片和花瓣近等大；唇瓣基部贴生于蕊柱基部，与蕊柱分离或与蕊柱基部上方的蕊柱翅多少合生，具短距或无距，近3裂或不裂，两侧围抱蕊柱。全属约40种，分布于亚洲热带地区、非洲至大洋洲。我国有8种，分布于东南至西南各地；浙江有1种，百山祖国家公园及联动区记录到1种。

24 黄花鹤顶兰
Phaius flavus (Blume) Lindl.

【花 果 期】花期5—6月。

【分　　布】见于龙泉市住龙镇、庆元县淤上乡及百山祖镇（黄皮湿地）、景宁畲族自治县大漈乡、缙云县溶江乡和遂昌县、青田县等地，海拔400～1450 m。

【生　　境】生于山谷沟边和山坡林下阴湿处。

【类　　别】少见。

十八、厚唇兰属 *Epigeneium* Gagnep.

多年生附生草本。根状茎匍匐，质地坚硬，密被栗色或淡褐色鞘。假鳞茎疏生或密生于根状茎上，基部被 2 或 3 枚鞘，单节间，顶生 1 或 2 枚叶。叶片革质，椭圆形至卵形，具短柄或几无柄，有关节。花单生于假鳞茎顶端，或为总状花序，具少数至多花；苞片膜质，栗色，大或小，远比花梗和子房短；萼片离生，相似，侧萼片基部歪斜，贴生于蕊柱足，与唇瓣形成明显的萼囊；花瓣与萼片等长，但较狭；唇瓣贴生于蕊柱足末端，中部缢缩而形成前后唇或 3 裂，侧裂片直立，中裂片伸展，唇盘上面常有纵褶片。全属约 35 种，分布于亚洲热带地区。我国有 7 种，分布于西南和东南各地；浙江有 1 种，百山祖国家公园及联动区记录到 1 种。

25 单叶厚唇兰
Epigeneium fargesii (Finet) Gagnep.

【花 果 期】花期 4—5 月。

【分　　布】见于龙泉市小梅镇、庆元县左溪镇、景宁畲族自治县英川镇、缙云县溶江乡、青田县万山乡及烂泥湖、莲都区峰源乡等地，海拔 300～1200 m。

【生　　境】附生于溪沟岩石或林中树干上。

【类　　别】少见。

十九、火烧兰属 *Epipactis* Zinn

多年生地生草本。通常具根状茎。茎直立，近基部具 2 或 3 枚鳞片状鞘，其上具 3~7 叶。叶互生；叶片从下向上由具抱茎叶鞘逐渐过渡为无叶鞘，上部叶片逐渐变小而成花苞片。总状花序顶生，花斜展或下垂，多少偏向一侧；花被片离生或稍靠合；花瓣与萼片相似，但较萼片短；唇瓣着生于蕊柱基部，通常分为 2 部分，即下唇（近轴的部分）与上唇（或称前唇，远轴的部分），下唇舟状或杯状，较少囊状，具或不具附属物，上唇平展，加厚或不加厚，形状各异；上、下唇之间缢缩或由一个窄的关节相连。蒴果倒卵形至椭圆形，下垂或斜展。全属约 18 种，分布于北温带。我国有 6 种，主要分布于西南、西北和华北；浙江有 1 种，百山祖国家公园及联动区记录到 1 种。

26 尖叶火烧兰
Epipactis thunbergii A. Gray

【花 果 期】花期 6—7 月。

【分　　布】见于莲都区、青田县、景宁畲族自治县等地，海拔 300～800 m。

【生　　境】生于林缘路边或湿地草丛中。

【类　　别】少见。

【用　　途】有较高的观赏价值。

【保护级别】《中国物种红色名录》易危。

二十、角盘兰属 *Herminium* L.

多年生地生草本。地下块茎 1 或 2，球形或椭圆球形，肉质，颈部生几条细长根。茎直立，具 1 至数叶。花序顶生，具多花，总状或似穗状；花小，密生，通常为黄绿色，常呈钩手状，倒置，唇瓣位于下方；萼片离生，近等长；花瓣通常增厚而带肉质；唇瓣贴生于蕊柱基部，前部 3 裂（罕 5 裂）或不裂，基部多少凹陷，通常无距，少数具短距者其黏盘卷成角状。蒴果长圆柱形，通常直立。全属约 25 种，主要分布于东亚。我国有 18 种，主要分布于西南部；浙江有 1 种，百山祖国家公园及联动区记录到 1 种。

27 叉唇角盘兰
Herminium lanceum (Thunb. ex Sw.) Vuijk

【花 果 期】花期 5—6 月，果期 8—9 月。

【分　　布】见于龙泉市岩樟乡、庆元县屏都街道、遂昌县黄沙腰镇（九龙山）等地，海拔 400～800 m。

【生　　境】生于山坡草地、林缘或林下草丛中。

【类　　别】少见。

二十一、金线兰属（开唇兰） *Anoectochilus* Blume

多年生地生草本。具根状茎。茎节上生根。叶近基生；绿色或上面具色彩和光泽。花序总状，顶生；苞片通常短于花；萼片离生，中萼片与花瓣靠合成盔状，侧萼片开展；花瓣较萼片短；唇瓣贴生于蕊柱基部，前部通常2裂，呈"Y"字形，中央缢缩成爪，两侧流苏状撕裂或具锯齿，或全缘。蒴果长圆柱形，直立。全属约40种，分布于亚洲热带地区至大洋洲。我国有20种，分布于西南和东南沿海等地；浙江有2种，百山祖国家公园及联动区记录到2种。

28 金线兰
Anoectochilus roxburghii (Wall.) Lindl.

【别　　名】花叶开唇兰

【花果期】花期9—10月。

【分　　布】见于遂昌县濂竹乡（牛头山）、龙泉市兰巨乡（凤阳山）、庆元县百山祖镇、莲都区白云街道（白云山）、松阳县玉岩镇、云和县云坛乡、缙云县新建镇、青田县章村乡、景宁畲族自治县秋炉乡等丽水各县市区，海拔300～1000 m。

【生　　境】生于常绿阔叶林、毛竹林下或沟谷阴湿处。

【类　　别】常见。

【用　　途】有清热凉血、解毒消肿、润肺止咳的功效。

【保护级别】《国家重点保护野生植物名录》Ⅱ级，《中国物种红色名录》濒危。

29 浙江金线兰

Anoectochilus zhejiangensis Z. Wei et Y.B. Chang

【别　　名】浙江开唇兰

【花 果 期】花期7—9月。

【分　　布】见于遂昌县柘岱口乡、松阳县大洋镇等地，海拔600～1000 m。

【生　　境】生于山坡或沟谷阴湿的竹林、阔叶林下。

【类　　别】少见。

【用　　途】有清热凉血、解毒消肿、润肺止咳的功效。

【保护级别】《国家重点保护野生植物名录》Ⅱ级，《中国物种红色名录》
　　　　　　濒危，《世界自然保护联盟濒危物种红色名录》濒危。

二十二、宽距兰属 *Yoania* Maxim.

腐生草本。地下根状茎肉质，分枝或有时呈珊瑚状。茎肉质，直立，稍粗壮，无绿叶，具多枚鳞片状鞘。总状花序顶生，疏生或稍密生数花至 10 余花；花梗与子房较长；花中等大，肉质；萼片与花瓣离生，花瓣常较萼片宽而短；唇瓣凹陷成舟状，基部有短爪，着生于蕊柱基部，在唇盘下方具 1 宽阔的距；距向前方伸展，与唇瓣前部平行，顶端钝。全属约 4 种，分布于中国、日本、越南至印度东北部。我国有 1 种；浙江也有，百山祖国家公园及联动区记录到 1 种。

30 宽距兰
Yoania japonica Maxim.

【花 果 期】花期 5—7 月。

【分　　布】见于遂昌县黄沙腰镇（九龙山）、庆元县百山祖镇（百山祖）
　　　　　　　和龙泉市等地，海拔 1100～1500 m。

【生　　境】生于山谷地林下。

【类　　别】少见。

【用　　途】有较高的观赏价值。

【保护级别】《中国物种红色名录》濒危。

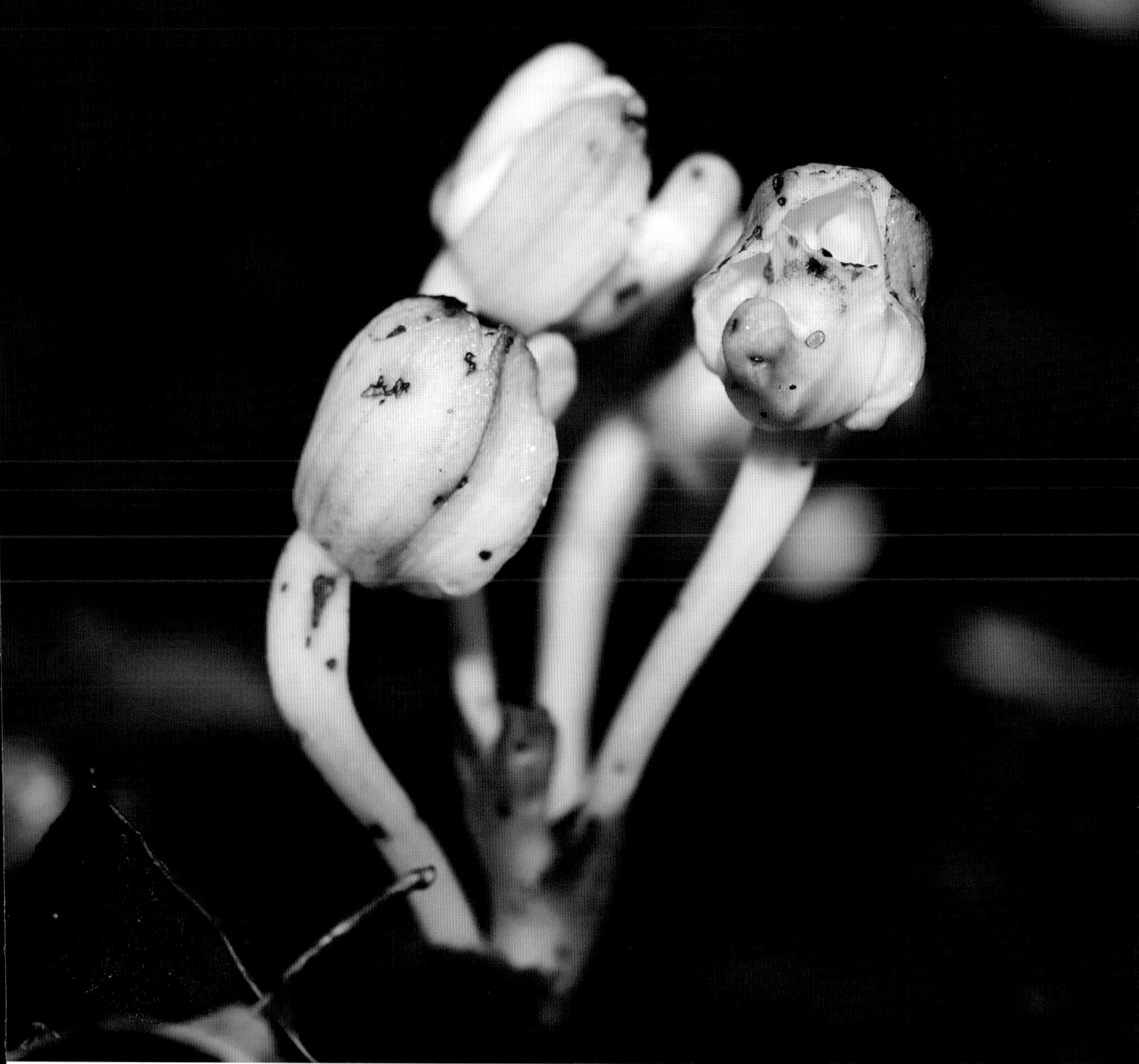

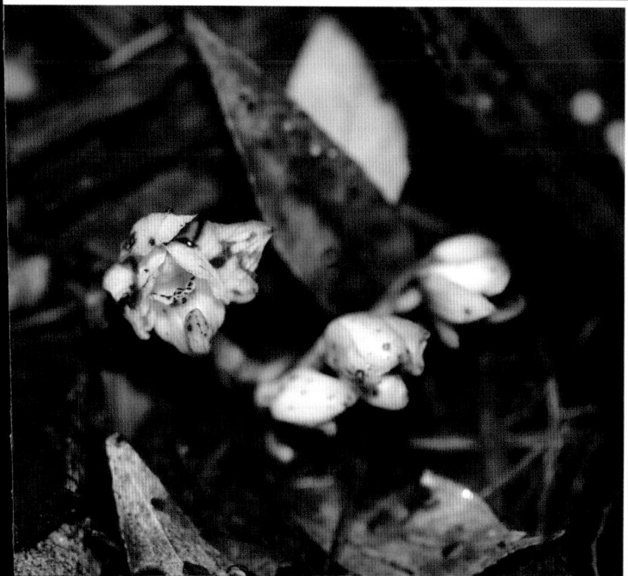

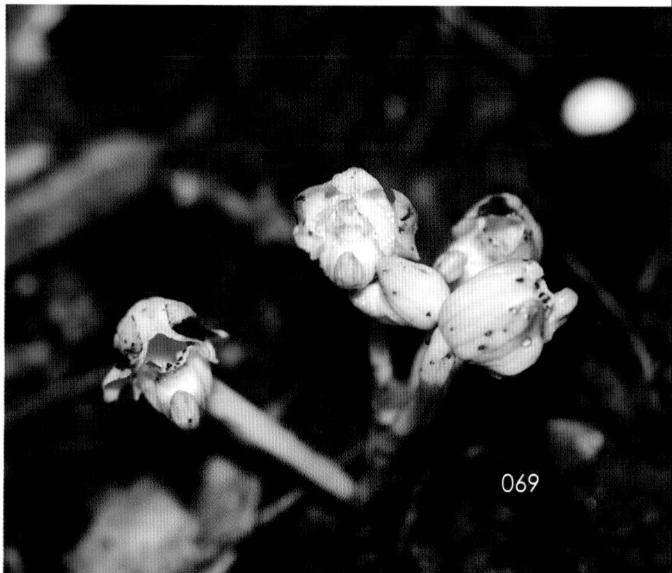

二十三、阔蕊兰属 *Peristylus* Blume

多年生地生草本。块茎肉质，圆球形或长圆球形，颈部生几条细长的根。茎直立，具 1 至多叶。叶散生或集生于茎上或基部，基部具 2~3 枚圆筒状鞘。总状花序顶生，常具多花，密生成穗状，罕近头状；花小，倒置，唇瓣位于下方，绿色或绿白色至白色；萼片离生，中萼片直立，侧萼片伸展张开，稀反折；花瓣直立，与中萼片相靠成兜状；唇瓣 3 深裂或 3 齿裂，稀不裂，基部具距；距短，囊状或球形。全属约 70 种，分布于亚洲热带、亚热带地区。我国有 19 种，主要分布于长江流域及其以南各地；浙江有 3 种，百山祖国家公园及联动区记录到 2 种，有文献记载丽水地区分布有阔蕊兰，本次调查未记录到野外分布。

31 长须阔蕊兰
Peristylus calcaratus (Rolfe) S.Y. Hu

【花 果 期】花期 9—10 月。

【分　　布】见于庆元县百山祖镇、景宁畲族自治县东坑镇、莲都区白云街道（白云山）及仙渡乡、缙云县石笕乡及新建镇、遂昌县牛头山等地，海拔 100~800 m。

【生　　境】生于山坡草地、灌丛中或竹林下。

【类　　别】少见。

【用　　途】有较高的观赏价值。

32 狭穗阔蕊兰
Peristylus densus (Lindl.) Santapau et Kapadia

【花 果 期】花期 8—9 月。

【分　　布】见于庆元县百山祖镇、龙泉市龙南乡等地，海拔 600～1000 m。

【生　　境】生于山坡林下或草丛中。

【类　　别】少见。

【用　　途】有较高的观赏价值；块茎民间作药用。

二十四、兰属 *Cymbidium* Sw.

多年生地生或附生草本，罕有腐生。根粗壮，肉质。茎极短或稍延长成假鳞茎，通常包藏于叶基部的鞘之内。叶丛生或基生；叶片带状或剑形，少为椭圆形而具柄，有关节。花葶侧生或发自假鳞茎基部，直立、外弯或下垂；总状花序具数花或多花，较少减退为单花；苞片长或短，在花期不落；花中等大，通常具香气；萼片与花瓣离生，多少相似；唇瓣 3 裂，侧裂片直立，常多少围抱蕊柱，中裂片一般外弯，唇盘上有 2 条纵褶片，基部贴生于蕊柱基部，无距。蒴果长椭圆球形。全属约 48 种，分布于亚洲热带与亚热带地区，向南达新几内亚岛和澳大利亚。我国有 29 种，广泛分布于秦岭以南地区；浙江有 8 种，百山祖国家公园及联动区记录到 7 种。

33 春兰
Cymbidium goeringii (Rchb. f.) Rchb. f.

【花 果 期】花期 2—4 月，果期 4—6 月。

【分　　布】见于庆元县百山祖镇、龙泉市兰巨乡、景宁畲族自治县沙湾镇、莲都区峰源乡、云和县赤石乡、缙云县石笕乡、遂昌县大柘镇等丽水各县市区，海拔 200～1200 m。

【生　　境】多生于山坡、林缘、林中透光处。

【类　　别】常见。

【用　　途】有较高的观赏价值，为我国传统十大名花之一。

【保护级别】《国家重点保护野生植物名录》Ⅱ级，《中国物种红色名录》易危。

34 多花兰
Cymbidium floribundum Lindl.

【花 果 期】花期4—5月，果期7—8月。

【分　　布】见于龙泉市兰巨乡及屏南镇、庆元县屏都街道及百山祖镇、景宁畲族自治县秋炉乡、莲都区峰源乡、云和县紧水滩镇、缙云县大源镇、遂昌县大柘镇等丽水各县市区，海拔300～1200 m。

【生　　境】生于林缘或溪谷旁透光的岩石上。

【类　　别】常见。

【用　　途】有较高的观赏价值；有滋阴清肺、化痰止咳的功效。

【保护级别】《国家重点保护野生植物名录》Ⅱ级，《中国物种红色名录》易危。

35 蕙兰
Cymbidium faberi Rolfe

【花 果 期】花期4—5月。

【分　　布】见于庆元县贤良镇、龙泉市兰巨乡及龙南乡、景宁畲族自治县秋炉乡、莲都区峰源乡、云和县紧水滩、缙云县新建镇、遂昌县大柘镇、松阳县大东坝镇等丽水各县市区，海拔300～1200 m。

【生　　境】生于疏林下、灌丛中、山谷旁或草丛中。

【类　　别】常见。

【用　　途】有较高的观赏价值。

【保护级别】《国家重点保护野生植物名录》Ⅱ级，《中国物种红色名录》易危。

36 寒兰
Cymbidium kanran Makino

【花 果 期】花期10—12月。

【分　　布】见于庆元县屏都街道、龙泉市龙南乡、景宁畲族自治县秋炉乡、莲都区峰源乡、云和县赤石乡、缙云县大源镇、遂昌县黄沙腰镇、松阳县玉岩镇等丽水各县市区，海拔300～1200 m。

【生　　境】生于山坡林下、溪谷旁湿润和土壤腐殖质丰富处。

【类　　别】常见。

【用　　途】有较高的观赏价值。

【保护级别】《国家重点保护野生植物名录》Ⅱ级，《中国物种红色名录》易危。

37 建兰
Cymbidium ensifolium Sw.

【花果期】花期7—10月，一年有多次开花现象。

【分　　布】见于庆元县屏都街道、龙泉市龙南乡、景宁畲族自治县秋炉乡、莲都区峰源乡、云和县赤石乡、缙云县大源镇、遂昌县黄沙腰镇、松阳县玉岩镇等丽水各县市区，海拔300～1200 m。

【生　　境】生于山坡林下或灌丛下腐殖质丰富的土壤中或碎石缝中。

【类　　别】常见。

【用　　途】有较高的观赏价值。

【保护级别】《国家重点保护野生植物名录》Ⅱ级，《中国物种红色名录》易危。

38 落叶兰
Cymbidium defoliatum Y.S. Wu et S.C. Chen

【花 果 期】花期 5–6 月。

【分　　布】见于龙泉市、松阳县等地，海拔 300~1200 m。

【生　　境】生于海拔 600~800 m 的山坡梯田草丛中。

【类　　别】少见。

【用　　途】有较高的观赏价值。

【保护级别】《国家重点保护野生植物名录》Ⅱ级，《中国物种红色名录》濒危。

39 兔耳兰
Cymbidium lancifolium Hook.

【花 果 期】花期 5—6 月。

【分　　布】见于庆元县、龙泉市等地，海拔 300～800 m。

【生　　境】生于山坡林下或岩石上。

【类　　别】少见。

【用　　途】有较高的观赏价值。

二十五、对叶兰属 *Listera* R. Br.

多年生地生小草本。根状茎略粗短，横走；根伸长，成簇。茎直立，常在近基部处具 1~3 圆筒状或鳞片状的膜质鞘。叶通常 2，位于植株中部至近上部处，对生或近对生；叶片无柄或近无柄。通常多花排成顶生的总状花序；苞片宿存，通常短于子房；萼片与花瓣离生，相似，侧萼片常稍斜展；唇瓣明显大于萼片和花瓣，通常先端 2 深裂，无距；唇瓣裂片平行伸展、稍叉开至极叉开，边缘具细缘毛。蒴果细小。全属约有 35 种，分布于北温带，以东亚、北美洲种类较多。我国有 21 种，4 变种，自西南、西北、华北、东北至台湾均有分布；浙江有 1 种，百山祖国家公园及联动区记录到 1 种。

40 日本对叶兰
Listera japonica Blume

【花 果 期】花期 4 月。

【分　　布】见于景宁畲族自治县景南乡（望东垟）、庆元县五大堡乡等地，海拔 800～1200 m。

【生　　境】生于山坡林下阴湿处或山坡毛竹林下。

【类　　别】少见。

【保护级别】《中国物种红色名录》易危。

二十六、盆距兰属 *Gastrochilus* D. Don

多年生附生草本。茎粗短或细长，具少数至多数节，节上生有长而弯曲的根。叶多数，稍肉质或革质，通常二列互生，扁平，先端不裂，或 2 裂、3 裂，基部具关节和抱茎的鞘。花序侧生，比叶短，不分枝或少有分枝；总状花序常由于花序轴缩短而呈伞形花序，具少数至多花；花序柄和花序轴粗壮或纤细；花小至中等大，多少肉质；萼片和花瓣近相似，多少伸展成扇状；唇瓣分为前唇和后唇（囊距），前唇垂直于后唇而向前伸展，后唇牢固地贴生于蕊柱两侧，与蕊柱近于平行，盔状、半球形或近圆锥形，少有长筒形的。全属约 47 种，分布于亚洲热带和亚热带地区。我国有 28 种，分布于长江以南各地，台湾和西南地区尤为多；浙江有 3 种，百山祖国家公园及联动区记录到 2 种。

41 台湾盆距兰
Gastrochilus formosanus (Hayata) Hayata

【花 果 期】花期 3—4 月。

【分　　布】见于龙泉市、景宁畲族自治县等地，海拔 400～800 m。

【生　　境】附生于林中树干或阴湿石壁上。

【类　　别】少见。

【保护级别】《中国物种红色名录》近危。

42 黄松盆距兰
Gastrochilus japonicus (Makino) Schltr.

【花 果 期】花期 6—9 月。

【分　　布】见于龙泉市、景宁畲族自治县等地，海拔 300～400 m。

【生　　境】附生于山沟林中树干上。

【类　　别】少见。

【用　　途】有较高的观赏价值。

【保护级别】《中国物种红色名录》易危。

二十七、肉果兰属 *Cyrtosia* Blume

腐生草本。根状茎较粗厚，生有肉质根或肉质根膨大而成的块根。茎直立，常数个发自同一根状茎上，肉质，黄褐色至红褐色，无绿叶，节上具鳞片。总状花序或圆锥花序顶生或侧生，具数花或多花；花序轴被短毛或粉状毛；苞片宿存；花中等大，不完全开放；萼片与花瓣靠合；萼片背面常多少被毛；花瓣无毛；唇瓣直立，不裂，无距，基部多少与蕊柱合生，两侧近于围抱蕊柱。全属共 5 种，分布于东亚至亚洲热带地区。我国有 3 种，主要分布于华东、华中、华南至西南；浙江有 1 种，百山祖国家公园及联动区记录到 1 种。

43 血红肉果兰
Cyrtosia septentrionalis (Rchb. f.) Garay

【花 果 期】花期 6—7 月，果期 9—10 月。

【分　　布】见于景宁畲族自治县景南乡（望东垟）、遂昌县黄沙腰镇（九龙山）和莲都区等地，海拔约 1000 m。

【生　　境】生于针阔混交林下或沟边湿地。

【类　　别】少见。

【用　　途】民间将其作为常用草药。

【保护级别】《中国物种红色名录》易危。

二十八、山兰属 *Oreorchis* Lindl.

多年生地生草本。地下根状茎纤细，生有球茎状的假鳞茎；假鳞茎具节，基部疏生纤维根。叶 1 或 2，生于假鳞茎顶端，条形至狭长圆状披针形，具柄，基部常有 1 或 2 膜质鞘。花葶从假鳞茎侧面节上发出，直立；花序不分枝，总状，具数花至多花；苞片膜质，宿存；花小至中等大；萼片与花瓣离生，相似或花瓣略狭小，开展；2 侧萼片基部有时多少延伸成浅囊状；唇瓣 3 裂、不裂或仅中部两侧有凹缺（钝 3 裂），基部有爪，无距，上面常有纵褶片或中央有具凹槽的胼胝体。全属约 16 种，分布于喜马拉雅地区至日本和西伯利亚。我国有 11 种，分布于全国各地；浙江有 1 种，百山祖国家公园及联动区记录到 1 种。

44 长叶山兰
Oreorchis fargesii Finet

【花 果 期】花期 5—6 月，果期 9—10 月。

【分　　布】见于遂昌县黄沙腰镇（九龙山）、庆元县百山祖镇等地，海拔 900～1400 m。

【生　　境】生于山坡林缘、灌丛中或沟谷旁。

【类　　别】少见。

【保护级别】《中国物种红色名录》近危。

二十九、山珊瑚属 *Galeola* Lour.

腐生草本或半灌木状。根状茎较粗厚。茎常较粗壮，直立或攀缘，稍肉质，黄褐色或红褐色，无绿叶，节上具鳞片。总状花序或圆锥花序顶生或侧生，具多数稍肉质的花；花苞片宿存；花中等大，通常黄色或带红褐色；萼片离生，背面常被毛；花瓣无毛，略小于萼片；唇瓣不裂，通常凹陷成杯状或囊状，多少围抱蕊柱，明显大于萼片，基部无距，内有纵脊或胼胝体。果实为荚果状蒴果。全属约 10 种，主要分布于亚洲热带地区至我国南部、日本、新几内亚岛和非洲马达加斯加岛。我国有 4 种，分布于华东、华中、华南及西南；浙江有 1 种，百山祖国家公园及联动区记录到 1 种。

45 直立山珊瑚
Galeola falconeri J. D. Hooker

【花 果 期】花期 5—7 月，果期 8—10 月。

【分　　布】见于莲都区老竹镇（东西岩）、遂昌县黄沙腰镇（九龙山）、景宁畲族自治县东坑镇等地，海拔 250～1000 m。

【生　　境】生于疏林下、稀疏灌丛中或沟谷边腐殖质丰富的多石处。

【类　　别】少见。

【用　　途】有较高的观赏价值。

【保护级别】《中国物种红色名录》易危。

三十、舌唇兰属 *Platanthera* Rich.

多年生地生草本。具肉质、肥厚的根状茎或块茎。茎直立，具1至数叶。叶互生，稀近对生。总状花序顶生，具少数至多花；苞片草质，直立伸展，常为披针形；花常为白色或黄绿色，倒置，唇瓣位于下方；中萼片短而宽，凹陷，常与花瓣靠合成兜状，侧萼片伸展或反折；唇瓣常为舌状或长条形，肉质，不裂，向前伸展，基部两侧无耳，稀具耳，下方具甚长的距。蒴果直立。全属约200种，分布于热带和北温带地区。我国有42种，南北各地均产，以西南部最多；浙江有7种，百山祖国家公园及联动区记录到7种。

46 黄山舌唇兰
Platanthera whangshanensis (S. S.Chien) Efimov

【花 果 期】花期5—6月。

【分　　布】见于景宁畲族自治县、龙泉市、遂昌县和莲都区等地，海拔750～1100 m。

【生　　境】生于山坡密林下或林缘沟谷中。

【类　　别】少见。

【用　　途】有较高的观赏价值。

【保护级别】《中国物种红色名录》无危，《世界自然保护联盟濒危物种红色名录》近危，《华盛顿公约》附录Ⅱ。

47 密花舌唇兰
Platanthera hologlottis Maxim.

【花 果 期】花期6—7月，果期8—10月。

【分　　布】见于庆元县百山祖镇（黄皮湿地）、青田县祯埠镇（仰天湖）、缙云县大洋镇（大洋山）和莲都区、景宁畲族自治县、遂昌县等地，海拔900～1500 m。

【生　　境】生于山沟潮湿草地上。

【类　　别】少见。

【用　　途】有较高的观赏价值。

48 舌唇兰

Platanthera japonica (Thunb.) Lindl.

【花 果 期】花期 5—6 月。

【分　　布】见于庆元县、龙泉市、景宁畲族自治县、遂昌县等地，海拔 600～1200 m。

【生　　境】生于沟谷林下或草地。

【类　　别】少见。

【用　　途】民间有作药用。

图片源自 PPBC id: 6610997 摄影：黄科

 国家公园野生兰科植物

49 尾瓣舌唇兰
Platanthera mandarinorum Rchb. f.

【花果期】花期5—6月。

【分　　布】见于庆元县百山祖镇（黄皮湿地）、龙泉市、莲都区、松阳县等地，海拔300~1500 m。

【生　　境】生于山坡林下或草地上。

【类　　别】少见。

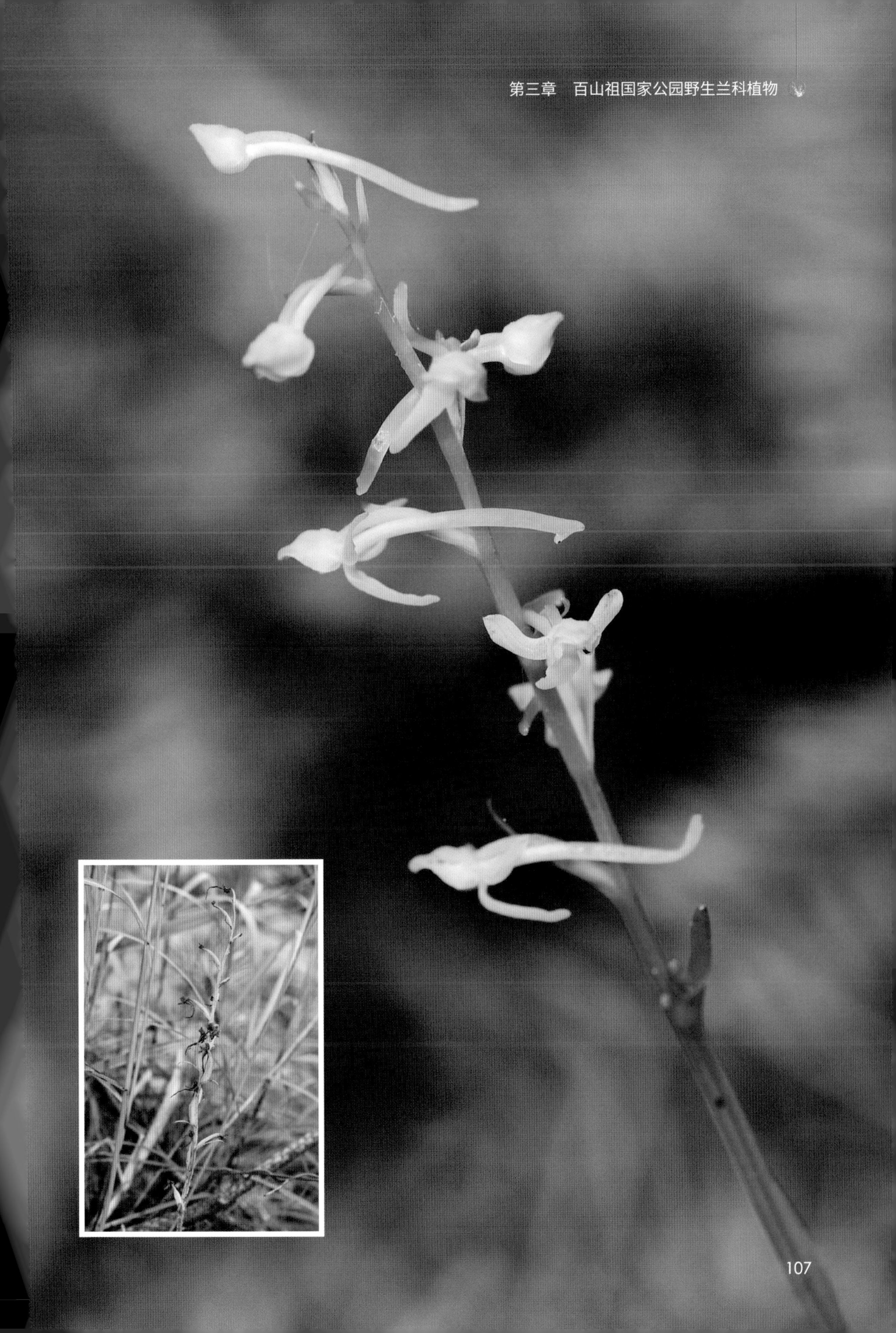

50 东亚舌唇兰

Platanthera ussuriensis (Regel et Maack) Maxim.

【花 果 期】花期 7—8 月，果期 9—10 月。

【分　　布】见于龙泉市兰巨乡（凤阳山）、庆元县百山祖镇、遂昌县濂竹乡（牛头山）、莲都区大港头镇、松阳县玉岩镇、云和县崇头镇、缙云县新建镇、景宁畲族自治县东坑镇等丽水各县市区，海拔 300～1000 m。

【生　　境】生于山坡林下、林缘或沟边阴湿地。

【类　　别】少见。

【保护级别】《中国物种红色名录》近危。

51 小舌唇兰
Platanthera minor (Miq.) Rchb. f.

【花 果 期】花期 5—7 月，果期 9—10 月。

【分　　布】见于庆元县安南乡及淤上乡、青田县祯埠镇、缙云县大洋镇、遂昌县妙高镇（白马山）及黄沙腰镇（九龙山）和龙泉市、云和县、松阳县等地，海拔 250～1000 m。

【生　　境】生于山坡林下或草地上。

【类　　别】常见。

52 大明山舌唇兰
Platanthera damingshanica K.Y.Lang et Han S.Guo

【花 果 期】花期 5—6 月。

【分　　布】见于莲都区等地，海拔 500～700 m。

【生　　境】林下阴湿处或沟谷阴湿地。

【类　　别】罕见。

【用　　途】有较高的观赏价值。

【保护级别】《中国物种红色名录》易危。

三十一、石豆兰属 *Bulbophyllum* Thouars

多年生附生草本。根状茎匍匐。假鳞茎形状、大小变化甚大，彼此紧靠，聚生或疏离。叶通常 1 枚，少有 2 或 3 枚，生于假鳞茎顶端；叶片肉质或革质，先端稍凹或锐尖、圆钝。花葶侧生于假鳞茎基部或从根状茎的节上抽出；近伞形花序、总状花序或仅具 1 花；萼片近相似或不相似，全缘或边缘具齿、毛或其他附属物，侧萼片离生或对应边缘部分或大部分合生，基部贴生于蕊柱足两侧而形成囊状的萼囊；花瓣全缘或边缘具齿、毛等附属物；唇瓣肉质，向外下弯，基部与蕊柱足末端连接而形成活动或不动的关节。蒴果卵球形，无喙。全属约 1000 种，分布于亚洲、美洲、非洲等热带和亚热带地区，大洋洲也有。我国有 98 种，主要分布于长江流域及其以南各地；浙江有 8 种，百山祖国家公园及联动区记录到 7 种。

53 斑唇卷瓣兰
Bulbophyllum pecten-veneris (Gagnep.) Seidenf.

【花 果 期】花期 8—10 月，果期 11 月—翌年 6 月。

【分　　布】见于青田县祯埠镇和庆元县、龙泉市、云和县等地，海拔 200～800 m。

【生　　境】附生于林中树上或岩石上。

【类　　别】少见。

【用　　途】有较高的观赏价值。

54 齿瓣石豆兰
Bulbophyllum levinei Schltr. -B. psychoon auct. non Rchb. f.

【花 果 期】花期 5—8 月，果期 6—11 月。

【分　　布】见于青田县祯埠乡、庆元县安南乡、遂昌县云峰街道、景
宁畲族自治县景南乡和雁溪乡及九龙乡、莲都区峰源乡，
以及龙泉市、云和县、缙云县等地，海拔 200～800 m。

【生　　境】附生于林下沟谷石壁上。

【类　　别】常见。

【用　　途】有滋阴降火、清热消肿的功效。

55 广东石豆兰
Bulbophyllum kwangtungense Schltr.

【花 果 期】花期 5—6 月，果期 9—10 月。

【分　　布】见于青田县船寮镇及祯旺乡、莲都区峰源乡、庆元县屏都街道、龙泉市道太乡、景宁畲族自治县秋炉乡、云和县石塘镇、缙云县大源镇、遂昌县黄沙腰镇（九龙山）、松阳县玉岩镇等丽水各县市区，海拔 300～800 m。

【生　　境】附生于溪沟边石壁上或树干上。

【类　　别】少见。

【用　　途】有滋阴润肺、止咳化痰、清热消肿的功效。

56 瘤唇卷瓣兰
Bulbophyllum japonicum (Makino) Makino

【花 果 期】花期7—9月。

【分　　布】见于庆元县安南乡、龙泉市道太乡、莲都区峰源乡、松阳县大东坝镇等地，海拔300～700 m。

【生　　境】附生于林下溪沟山谷阴湿处岩石上。

【类　　别】少见。

57 毛药卷瓣兰
Bulbophyllum omerandrum Hayata

【花 果 期】花期 3—4 月。

【分　　布】见于龙泉市道太乡、景宁畲族自治县红星街道、莲都区峰
源乡、松阳县新兴镇、青田县章村乡及祯埠乡、遂昌县云
峰街道等地，海拔 200～700 m。

【生　　境】附生于山谷岩石上。

【类　　别】常见。

【保护级别】《中国物种红色名录》近危。

58 宁波石豆兰
Bulbophyllum ningboense G.Y. Li ex H.L. Lin et X.P. Li

【花 果 期】花期5月。

【分　　布】见于景宁畲族自治县、莲都区等地，海拔100～200 m。

【生　　境】多附生于岩壁上。

【类　　别】少见。

【保护级别】《中国物种红色名录》无危。

59 莲花卷瓣兰

Bulbophyllum hirundinis (Gagnep.) Seidenf.

【花 果 期】花期 5—8 月。

【分　　布】见于缙云县等地，海拔 300～700 m。

【生　　境】多附生于山谷溪边岩壁上。

【类　　别】少见。

【保护级别】《中国物种红色名录》无危。

三十二、石斛属 *Dendrobium* Sw.

多年生附生草本。假鳞茎伸长成茎状，不分枝或分枝，丛生，直立或下垂，圆柱状，通常肉质，具多节，或有时假鳞茎膨大成多种形状。叶 1 至多枚；叶片革质、硬纸质或肉质，扁平，全缘，先端锐尖或不等侧 2 圆裂，基部具关节和膜质鞘，或无鞘。总状花序侧生于茎上部的节上，具数花至多花，稀具 1 花；花序梗通常很短；苞片细小或无；花大而艳丽；萼片相似，中萼片离生，侧萼片与蕊柱足合生成囊状的萼囊；花瓣多少与中萼片相似；唇瓣位于下方，贴生于蕊柱基部，先端 3 裂或不裂。蒴果卵球形、长圆柱形或倒卵球形。全属约 1000 种，分布于亚洲热带和亚热带地区及大洋洲。我国有 74 种，分布于秦岭以南各地；浙江有 4 种，百山祖国家公园及联动区记录到 4 种。

60 梵净山石斛
Dendrobium fanjingshanense Tsi ex X.H. Jin et Y.W. Zhang

【花 果 期】花期 5 月，果期 9—10 月。

【分　　布】见于遂昌县黄沙腰镇（九龙山）等地，海拔 550～700 m。

【生　　境】附生于阔叶林中树干上。

【类　　别】罕见。

【保护级别】《国家重点保护野生植物名录》Ⅱ级，《中国物种红色名录》濒危。

61 铁皮石斛
Dendrobium officinale Kimura et Migo

【花　果　期】花期 4—6 月，果期 7—10 月。

【分　　　布】见于莲都区坑里村、缙云县等地，海拔 450～1000 m。

【生　　　境】附生于山地半阴湿的岩壁上。

【类　　　别】罕见。

【用　　　途】有滋阴养胃、解热生津的功效。

【保护级别】《国家重点保护野生植物名录》Ⅱ级，《中国物种红色名录》极危，《世界自然保护联盟濒危物种红色名录》极危。

62 细茎石斛
Dendrobium moniliforme (L.) Sw.

【花　果　期】花期4—5月，果期7—8月。

【分　　　布】见于庆元县、龙泉市、景宁畲族自治县、莲都区、遂昌县等地，海拔500～1000 m。

【生　　　境】附生于林中树上或山谷岩壁上。

【类　　　别】少见。

【用　　　途】有滋阴养胃、解热生津等功效。

【保护级别】《国家重点保护野生植物名录》Ⅱ级。

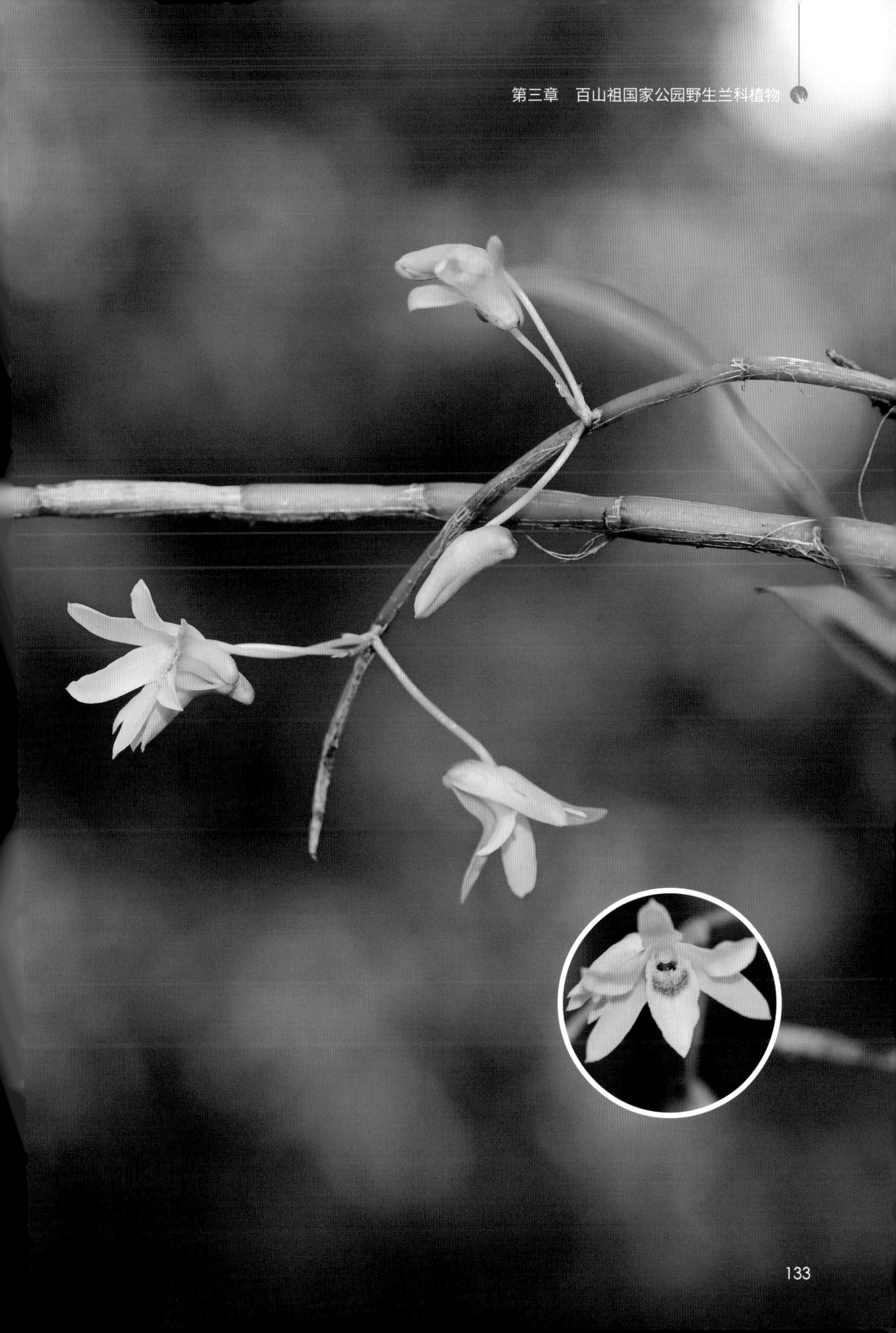

63 罗氏石斛
Dendrobium luoi L. J. Chen & W. H. Rao

【花 果 期】花期 4—5 月。

【分　　布】见于遂昌县等地，海拔 1100~1200 m。

【生　　境】附生于山间岩壁上。

【类　　别】罕见。

【保护级别】《国家重点保护野生植物名录》Ⅱ级。

三十三、石仙桃属 *Pholidota* Lindl. ex Hook.

多年生附生草本。根状茎匍匐，具节，节上生根。假鳞茎常卵形，在根状茎上疏离或密集。叶1或2，生于假鳞茎顶端；叶片质厚，具短柄。花葶生于假鳞茎顶端；总状花序具数花或多花；花序轴常稍曲折；苞片大，二列，多少凹陷，宿存或早落；花小，常不完全张开；萼片相似，常多少凹陷，侧萼片背面常有龙骨状突起；花瓣通常小于萼片；唇瓣凹陷或仅基部凹陷成浅囊状，不裂或稀3裂，唇盘上有时有粗厚的脉或褶片，无距。蒴果较小，常有棱。全属约30种，分布于亚洲热带和亚热带南缘地区。我国有14种，主要分布于西南至东南各地；浙江有2种，百山祖国家公园及联动区记录到1种。

64 细叶石仙桃
Pholidota cantonensis Rolfe

【花 果 期】花期3—4月，果期8—9月。

【分　　布】见于龙泉市道太乡、庆元县百山祖镇、遂昌县濂竹乡（牛头山）、莲都区峰源乡、松阳县大东坝镇、云和县崇头镇、缙云县大洋镇、景宁畲族自治县鸬鹚乡及九龙乡、青田县万山乡及腊口镇等丽水各县市区，海拔300～1100 m。

【生　　境】附生于沟谷或林下石壁上。

【类　　别】常见。

【用　　途】有滋阴润肺、清热凉血的功效。

三十四、绶草属 *Spiranthes* Rich.

多年生地生草本。根数条，指状，肉质，簇生。叶基生，多少肉质；叶片条形、椭圆形或宽卵形，稀为半圆柱形，基部下延成柄状鞘。总状花序顶生，具多数密生的小花，似穗状，常多少呈螺旋状扭转；花小，不完全展开，倒置（唇瓣位于下方）；萼片离生，中萼片直立，常与花瓣靠合成兜状，侧萼片基部常下延而膨大，有时呈囊状；唇瓣基部凹陷，常有 2 枚胼胝体，有时具短爪，多少围抱蕊柱，不裂或 3 裂，边缘常呈皱波状。全属约 50 种，广泛分布于全球北温带，少数见于亚洲热带地区和南美洲。我国有 3 种，广泛分布于全国各地；浙江有 2 种，百山祖国家公园及联动区记录到 2 种。

65 绶草
Spiranthes sinensis (Pers.) Ames

【花 果 期】花期 5—9 月。

【分　　布】见于庆元县百山祖镇（黄皮湿地）、龙泉市兰巨乡、遂昌县濂竹乡（牛头山）、莲都区峰源乡、松阳县大东坝镇、云和县紧水滩镇、缙云县大洋镇、景宁畲族自治县英川镇、青田县祯埠镇等丽水各县市区，海拔 300～1450 m。

【生　　境】生于林缘草地、路边草地或沟边草丛中。

【类　　别】常见。

【用　　途】有清热解毒、利湿消肿的功效。

【保护级别】《中国物种红色名录》无危，《世界自然保护联盟濒危物种红色名录》无危。

66 香港绶草

Spiranthes hongkongensis S.Y. Hu et Barretto

【花 果 期】花期 7—8 月。

【分　　布】见于庆元县百山祖镇、龙泉市兰巨乡（凤阳山）、遂昌县黄沙腰镇（九龙山）、莲都区峰源乡、松阳县大东坝镇、云和县紧水滩镇、缙云县胡源乡、景宁畲族自治县毛垟乡、青田县祯旺乡及高市乡（师姑湖）等丽水各县市区，海拔 300～1150 m。

【生　　境】生于溪谷林缘、沟边草地中。

【类　　别】常见。

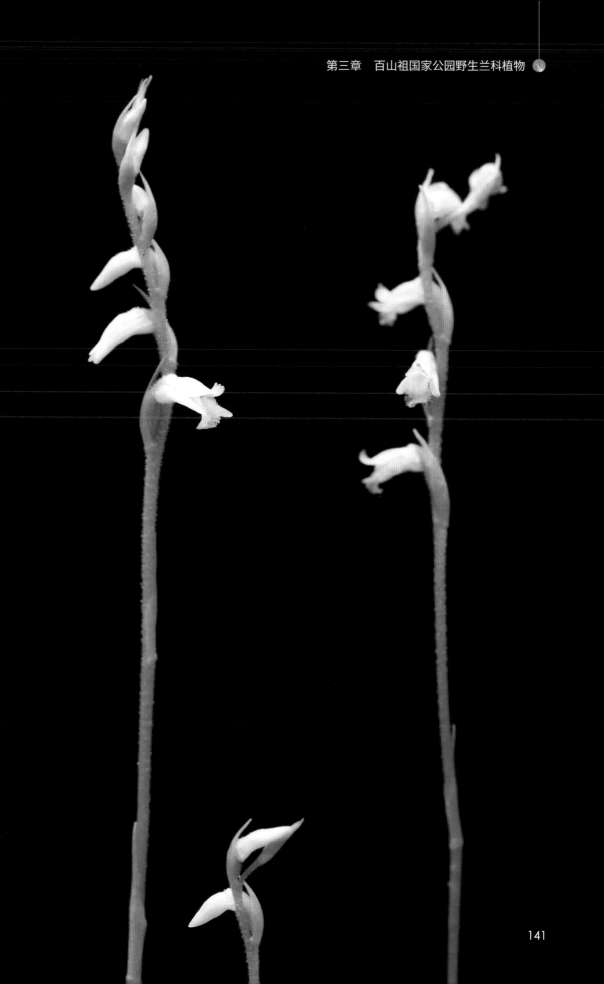

三十五、天麻属 *Gastrodia* R. Br.

腐生草本。块茎肉质，肥厚，横生，椭圆球形，具环纹。茎直立，常为黄褐色，无绿叶。总状花序顶生，具几花至多花，较少为单花；花近壶形、钟状或宽圆筒状，不扭转或扭转；萼片与花瓣合生成筒，仅上端分离；花被筒基部有时膨大成囊状，偶见两枚侧萼片之间开裂；唇瓣贴生于蕊柱足末端，通常较小，藏于花被筒内，不裂或 3 裂。全属约 20 种，分布于亚洲、大洋洲。我国有 15 种，分布于东北、华中、西南及台湾等地；浙江有 1 种，百山祖国家公园及联动区记录到 1 种。

67 天麻
Gastrodia elata Blume

【花 果 期】花期 7 月，果期 10 月。

【分　　布】见于龙泉市兰巨乡（凤阳山）、遂昌县黄沙腰镇（九龙山）、庆元县百山祖镇等地，海拔 800～1500 m。

【生　　境】生于山坡阔叶林下或灌木丛中。

【类　　别】少见。

【用　　途】有息风止痉、平抑肝阳、祛风通络的功效。

【保护级别】《国家重点保护野生植物名录》Ⅱ级，《世界自然保护联盟濒危物种红色名录》易危。

三十六、头蕊兰属 *Cephalanthera* Rich.

多年生地生草本。具缩短的根状茎和成簇的肉质纤维根。茎直立，不分枝，具茎生叶 3~7。叶互生，折扇状，通常近无柄，基部鞘状抱茎。总状花序顶生，具数花；苞片小，鳞片状或下部较大；花白色或黄色，近直立或斜展，多少扭转，常不完全开放；萼片离生；花瓣常略短于萼片，有时与萼片多少靠合成筒状；唇瓣常近直立，3 裂，基部凹陷成囊状或有短距，侧裂片较小，常多少围抱蕊柱，中裂片较大，上面有 3~5 褶片。蒴果直立。全属约 16 种，主要分布于东亚和欧洲。我国有 9 种，主要分布于亚热带地区；浙江有 2 种，百山祖国家公园及联动区记录到 2 种。

68 金兰
Cephalanthera falcata (Thunb.) Blume

【花 果 期】花期 5 月，果期 8—9 月。

【分　　布】见于庆元县、龙泉市、莲都区、遂昌县、缙云县、景宁畲族自治县等地，海拔 700~1200 m。

【生　　境】生于山坡林下、灌丛中或沟谷旁草地上。

【类　　别】少见。

69 银兰
Cephalanthera erecta (Thunb.) Blume

【花 果 期】花期 5—6 月，果期 8—9 月。

【分　　布】见于庆元县、龙泉市、景宁畲族自治县、遂昌县等地，海拔 750～1100 m。

【生　　境】生于山坡林下、灌丛中。

【类　　别】少见。

三十七、吻兰属 *Collabium* Blume

多年生地生草本。具匍匐根状茎和假鳞茎。假鳞茎细圆柱形或貌似叶柄，具1节，被筒状鞘，顶生1叶。叶纸质，先端锐尖，基部收狭为长或短的柄，具关节。花葶从根状茎末端近假鳞茎基部处发出，直立；总状花序疏生数花；花序梗纤细，基部被膜质鞘；花中等大；萼片相似，狭窄，侧萼片基部彼此连接，并与蕊柱足合生而形成狭长的萼囊或距；花瓣常较狭；唇瓣具爪，贴生于蕊柱足末端，3裂，侧裂片直立，中裂片近圆形，较大，唇盘上具褶片。全属约10种，分布于亚洲热带地区和新几内亚岛。我国有3种，主要分布于南方各地；浙江有1种，百山祖国家公园及联动区记录到1种。

70 台湾吻兰
Collabium formosanum Hayata

【花 果 期】花期5—9月。

【分　　布】见于庆元县左溪镇、景宁畲族自治县东坑镇等地，海拔600～750 m。

【生　　境】生于山坡密林下或沟谷林下岩石边。

【类　　别】少见。

【用　　途】有较高的观赏价值。

三十八、无柱兰属 *Amitostigma* Schltr.

多年生地生草本。块茎圆球形或卵圆形，肉质。叶通常 1，罕为 2 或 3，基生或茎生。总状花序顶生，常具多花，少为 1 或 2 花，花多偏向一侧；苞片通常为披针形，直立伸展；子房圆柱形至纺锤形，扭转，有时被细乳头状突起，基部多少具花梗；花较小，淡紫色、粉红色或白色；萼片离生，长圆形、椭圆形或卵形，具 1~3 脉；花瓣直立，较宽；唇瓣通常较萼片和花瓣长而宽，基部具距，前部通常 3 裂；蕊柱极短，退化雄蕊 2。蒴果近直立。全属约 30 种，分布于东亚。我国有 22 种，以西南山区为多；浙江有 3 种，百山祖国家公园及联动区记录到 2 种。

71 无柱兰
Amitostigma gracile (Blume) Schltr.

【花 果 期】花期 6–7 月，果期 9–10 月。

【分　　布】见于庆元县屏都街道、龙泉市住龙镇、景宁畲族自治县秋炉乡、青田县巨浦乡（师姑湖）、莲都区太平乡、云和县赤石乡、缙云县胡源乡、遂昌县黄沙腰镇、松阳县玉岩镇等丽水各县市区，海拔 300~1000 m。

【生　　境】生于山坡沟谷边或林下阴湿处覆有土的岩石上或山坡灌丛中。

【类　　别】少见。

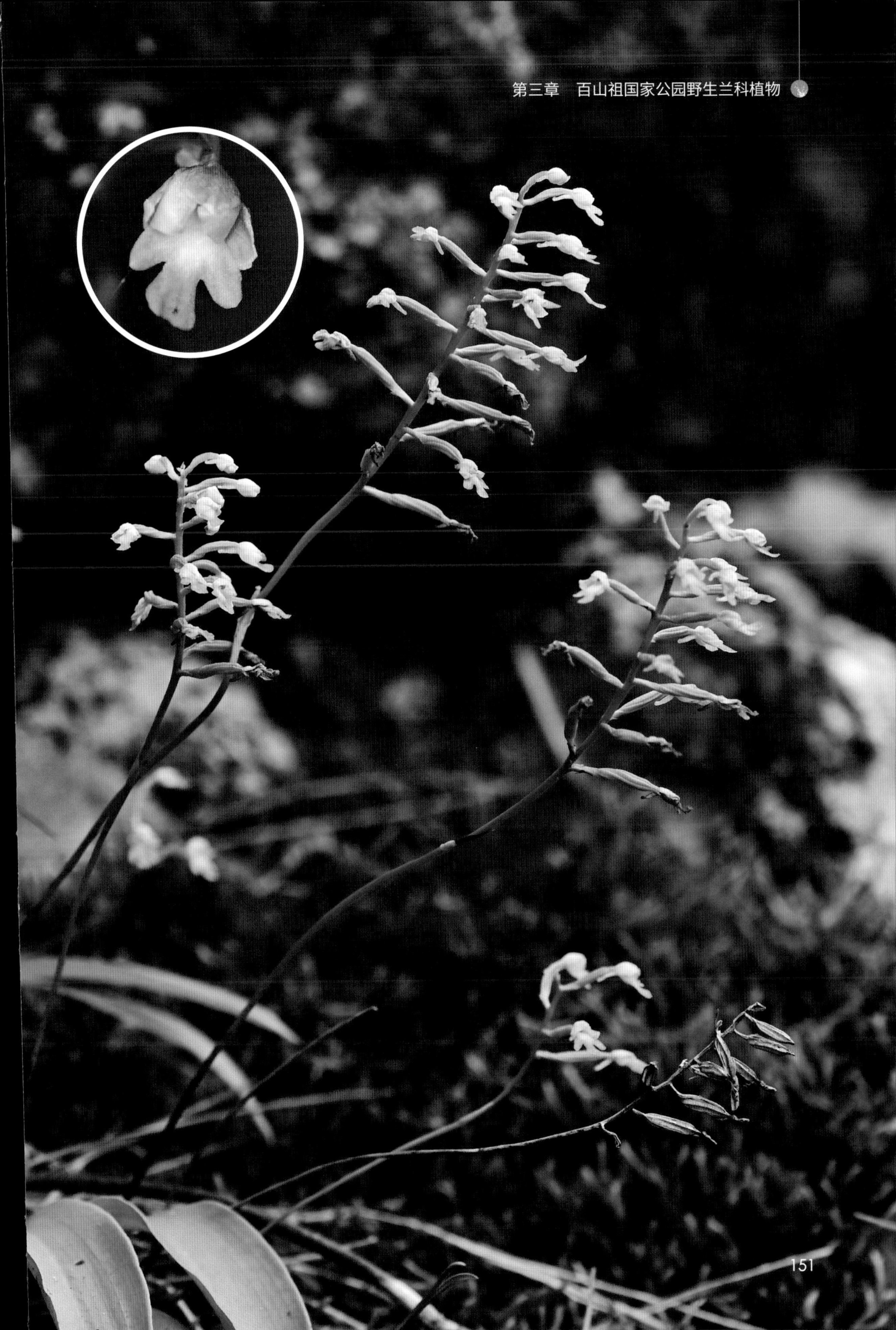

72 大花无柱兰

Amitostigma pinguicula (Rchb. f. et S. Moore) Schltr.

【花 果 期】花期 4—5 月。

【分　　布】缙云县溶江乡、莲都区白云街道（白云山）及老竹镇（东西岩）、青田县巨浦乡（师姑湖）和庆元县、龙泉市、景宁畲族自治县等丽水各县市区，海拔 50～800 m。

【生　　境】生于山坡林下岩石上或沟谷边阴湿草地上。

【类　　别】常见。

【保护级别】《中国物种红色名录》极危。

三十九、舌喙兰属 *Hemipilia* Lindl.

多年生地生草本。具块根，通常在花葶基部具 1 叶，极罕为 2 叶；叶一般心形或卵状心形，基部无柄，抱茎；花中等大，数朵排成顶生的总状花序；中萼片常直立而凹陷；唇瓣有距，唇盘基部近距口处有 2 枚胼胝体；蕊柱平卧，药室叉开；蕊喙舌状，甚大；花粉块 2，由许多松散小块组成，有花粉块柄及黏盘，黏盘包藏于蕊喙两边的黏囊中。全属约 13 种，分布于亚洲，我国西南山地与喜马拉雅地区，南至泰国。我国有 9 种，分布于全国；百山祖国家公园及联动区记录到 1 种。

73 盔花舌喙兰
Hemipilia galeata Y. Tang, X. X. Zhu & H. Peng

【花 果 期】花期 5—7 月。

【分　　布】见于庆元县百山祖镇（百山祖）、遂昌县黄沙腰镇（九龙山）、松阳县大东坝镇等地，海拔 400～600 m。

【生　　境】生于沟谷边或山坡林下阴湿岩石上。

【用　　途】少见。

【保护级别】《世界自然保护联盟濒危物种红色名录》濒危。

四十、虾脊兰属 *Calanthe* R. Br.

多年生地生草本。具短的根状茎与叶鞘包围的假鳞茎。叶片通常较大，少数为带状，先端尖，基部下延成鞘状柄，或无柄，全缘。花葶直立，从叶丛中长出，或从假鳞茎基部的一侧长出；总状花序，多花；花中等大，萼片与花瓣近相似，离生，开展；唇瓣大，基部全部或部分与蕊柱合生，通常 3 裂或不裂。蒴果长圆柱形，常下垂。全属约 150 种，分布于亚洲热带和亚热带地区、大洋洲的新几内亚岛和澳大利亚、非洲热带地区以及中美洲。我国有 49 种，主要分布于长江流域及其以南各地；浙江有 8 种，百山祖国家公园及联动区记录到 6 种。

74 反瓣虾脊兰
Calanthe reflexa Maxim.

【花 果 期】花期 5—7 月，果期 8 月。

【分　　布】见于庆元县百山祖镇等地，海拔 800～1000 m。

【生　　境】生于山坡林下阴湿地。

【类　　别】少见。

75 钩距虾脊兰
Calanthe graciliflora Hayata

【花 果 期】花期4—5月。

【分　　布】见于庆元县屏都街道、龙泉市道太乡、景宁畲族自治县东
坑镇及大均乡、青田县祯埠镇（烂泥湖）及章村乡、莲都
区太平乡、云和县云坛乡、缙云县胡源乡、遂昌县黄沙腰镇、
松阳县玉岩镇等丽水各县市区，海拔400～1000 m。

【生　　境】生于山坡林下阴湿地。

【类　　别】常见。

【用　　途】有较高的观赏价值。

【保护级别】《中国物种红色名录》近危。

76 剑叶虾脊兰
Calanthe davidii Franch.

【花 果 期】花期6—7月，果期9—10月。

【分　　布】见于景宁畲族自治县鹤溪街道、莲都区峰源乡、青田县章村乡等地，海拔500~700 m。

【生　　境】生于沟谷竹林或阔叶林下。

【类　　别】少见。

77 翘距虾脊兰
Calanthe aristulifera Rchb. f.

【花果期】花期 4—5 月。

【分　　布】见于遂昌县黄沙腰镇（九龙山）和景宁畲族自治县等地，
海拔 700～800 m。

【生　　境】生于山地沟谷阴湿处和密林下。

【类　　别】少见。

【用　　途】有较高的观赏价值。

【保护级别】《中国物种红色名录》近危。

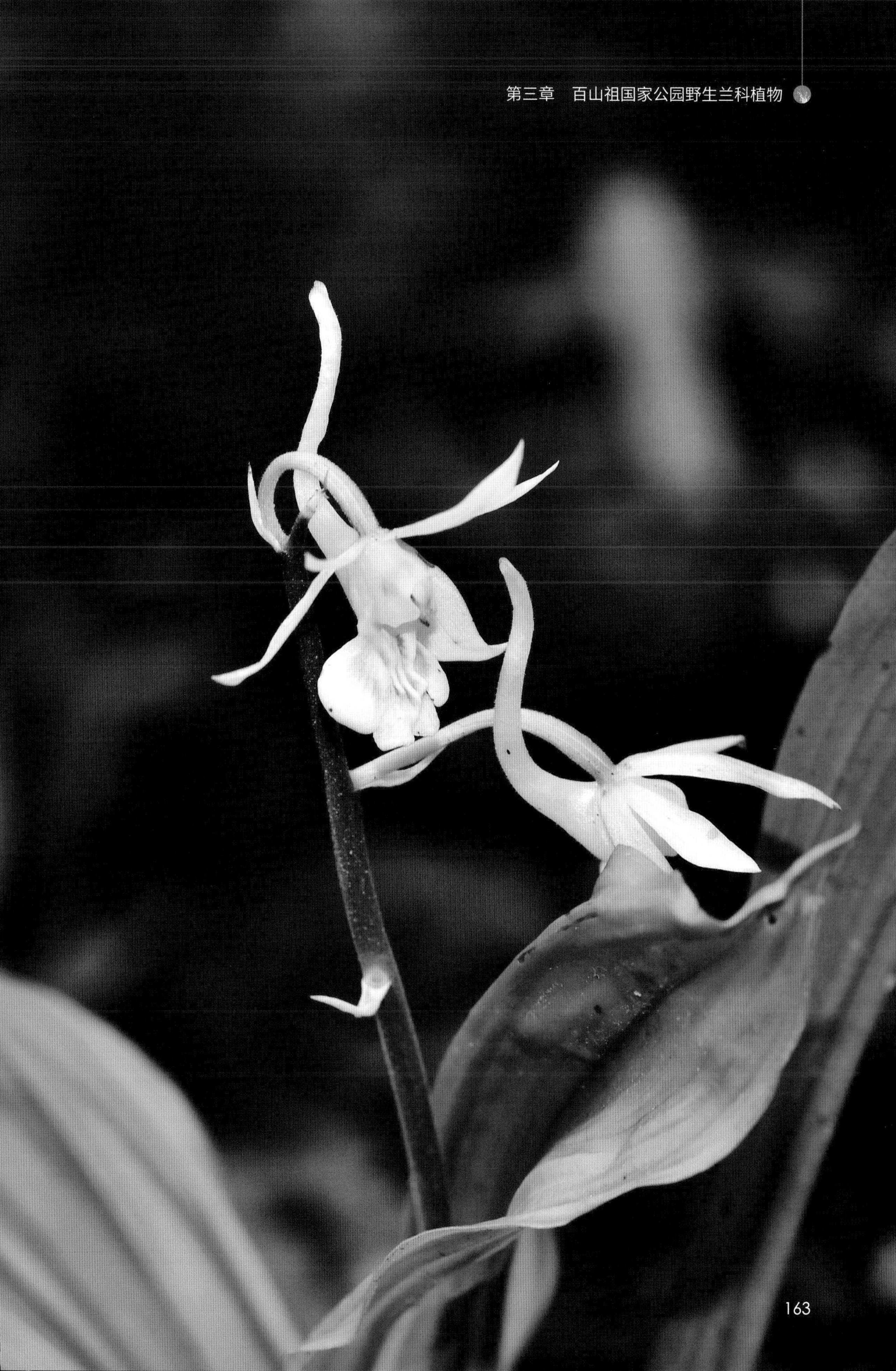

虾脊兰
Calanthe discolor Lindl.

【花 果 期】花期4—5月。

【分　　布】见于龙泉市兰巨乡、遂昌县黄沙腰镇和松阳县、缙云县等地，海拔780～1000 m。

【生　　境】生于山坡林下阴湿地。

【类　　别】少见。

【用　　途】有较高的观赏价值，也有活血化瘀、消痈散结的功效。

79 细花虾脊兰
Calanthe mannii Hook. f.

【花 果 期】花期 4—5 月。

【分　　布】见于景宁畲族自治县等地，海拔 1000～1200 m。

【生　　境】生于山坡林下。

【类　　别】少见。

四十一、羊耳蒜属 *Liparis* Rich.

多年生地生或附生草本。通常具假鳞茎或有时具多节的肉质茎。假鳞茎密集或疏离，外面常被有膜质鞘。叶 1 至数枚；叶片草质、纸质至厚纸质，基部多少具柄，具或不具关节。花葶顶生，直立、外弯或下垂，常稍呈扁圆柱形并在两侧具狭翅；总状花序疏生或密生多花；苞片小，宿存；花小或中等大，扭转；萼片相似，离生，通常伸展或反折；花瓣通常比萼片狭；唇瓣不裂或偶见 3 裂，有时在中部或下部缢缩，上部或上端常反折，基部或中部常有胼胝体，无距。蒴果球形至其他形状，常多少具 3 钝棱。全属约 250 余种，广泛分布于热带与亚热带地区。我国约 52 种，分布于西南、东南至东北；浙江有 6 种，百山祖国家公园及联动区记录到 5 种。

80 长苞羊耳蒜
Liparis inaperta Finet

【花 果 期】花期 9—11 月，果期翌年 5—6 月。

【分　　　布】见于庆元县安南乡、遂昌县濂竹乡（牛头山）、青田县章村乡和松阳县等地，海拔 200～700 m。

【生　　　境】附生于林下或沟谷岩石上。

【类　　　别】少见。

【保护级别】《国家重点保护野生植物名录》Ⅱ级，《中国物种红色名录》极危。

81 长唇羊耳蒜
Liparis pauliana Hand.-Mazz.

【花 果 期】花期4—5月，果期9—10月。

【分　　布】见于遂昌县黄沙腰镇（九龙山）、松阳县玉岩镇和庆元县、龙泉市、景宁畲族自治县、青田等地，海拔400～700 m。

【生　　境】生于林下阴湿处或具覆土的岩石上。

【类　　别】少见。

82 见血青
Liparis nervosa (Thunb.) Lindl.

【花　果　期】花期 5—6 月，果期 9—10 月。

【分　　　布】见于庆元县百山祖镇及屏都街道、龙泉市兰巨乡及道太乡、景宁畲族自治县东坑镇、遂昌县黄沙腰镇（九龙山）、青田县章村乡、云和县云坛乡、缙云县大洋镇、松阳县玉岩镇等丽水各县市区，海拔 250~1000 m。

【生　　　境】生于山坡路旁阔叶林缘或林下、溪谷旁。

【类　　　别】常见。

【用　　　途】有止血凉血、清热解毒的功效。

83 香花羊耳蒜
Liparis odorata (Willd.) Lindl.

【花 果 期】花期4—7月，果期10月。

【分　　布】见于云和县云坛乡、莲都区白云街道和庆元县、龙泉市、
景宁畲族自治县、松阳县等地，海拔400~800 m。

【生　　境】生于林下、疏林下或山坡草丛中。

【类　　别】少见。

84 齿突羊耳蒜

Liparis rostra Rchb. F.

【花　果　期】花期6月。

【分　　　布】见于莲都区雅溪镇和松阳县、景宁畲族自治县等地，海拔
300～500 m。

【生　　　境】生于山沟林下阴湿岩石上。

【类　　　别】罕见。

【用　　　途】有清热解毒、补肺止血的功效。

四十二、玉凤花属 *Habenaria* Willd.

多年生地生草本。块茎肉质，卵形、球形或椭圆形，颈部生几条细长的根。茎直立，具 2 至多叶，基部具 1~3 筒状鞘，上部具苞片状叶。叶散生或集生于茎的中部，或在近基部呈莲座状。总状花序顶生，具少数至多花；苞片宿存；花小型、中等大或较大，白色或淡绿色；中萼片与花瓣靠合成兜状，侧萼片展开或反折；花瓣不裂或分裂；唇瓣基部与蕊柱贴生，通常 3 裂，稀不裂，基部具或长或短的距，稀无距。全属约 600 种，分布于全球热带、亚热带至温带地区。我国有 54 种，主要分布于长江流域和其以南及西南部；浙江有 8 种，百山祖国家公园及联动区记录到 5 种。

85 鹅毛玉凤花
Habenaria dentata (Sw.) Schltr.

【花 果 期】花期 8—9 月，果期 9—10 月。

【分　　布】见于庆元县、龙泉市、景宁畲族自治县、遂昌县、松阳县、云和县和莲都区等地，海拔 400~800 m。

【生　　境】生于林缘山坡、路旁和沟边草地。

【类　　别】少见。

【用　　途】有较高的观赏价值，也有利尿消肿、壮腰补肾的功效。

86 裂瓣玉凤花
Habenaria petelotii Gagnep.

【别　　名】毛瓣玉凤花

【花 果 期】花期 5—6 月。

【分　　布】见于景宁畲族自治县鹤溪街道和青田县等地，海拔 400～700 m。

【生　　境】生于山坡沟谷林下。

【类　　别】少见。

87 湿地玉凤花
Habenaria humidicola Rolfe

【花 果 期】花期 8—9 月。

【分　　布】见于遂昌县妙高镇（白马山）和景宁畲族自治县等地，海拔 600～1400 m。

【生　　境】生于林下或岩石阴处潮湿地。周围主要建群植物为枫香树、青冈、黄山松等。

【类　　别】少见。

88 线叶十字兰
Habenaria linearifolia Maxim.

【别　　名】线叶玉凤花

【花 果 期】花期6—8月，果期10月。

【分　　布】见于庆元县、龙泉市、莲都区、缙云县、云和县和景宁畲族自治县东坑镇（草鱼塘）等地，海拔700～1400 m。

【生　　境】生于山坡林缘和沟谷或湿地草丛中。

【类　　别】少见。

【保护级别】《中国物种红色名录》近危。

89 十字兰
Habenaria schindleri Schltr.

【花 果 期】花期 7–10 月。

【分　　布】见于庆元县百山祖镇、龙泉市兰巨乡和莲都区、缙云县等地，海拔 600～1200 m。

【生　　境】生于山坡林缘和沟谷或湿地草丛中。

【类　　别】少见。

【保护级别】《中国物种红色名录》近危。

四十三、鸢尾兰属 *Oberonia* Lindl.

多年生附生草本。常丛生，直立或下垂。茎短或稍长，常包藏于叶基之内。叶二列，稍肉质，常两侧对折而压扁，近基部常稍扩大成鞘而彼此套叠，基部具或不具关节。花葶从叶丛中央或茎的顶端发出，下部常多少具不育苞片；苞片小，边缘常多少呈啮蚀状或有不规则缺刻；总状花序常具多数或极多花；花极小，常多少呈轮生状；萼片离生，相似；花瓣较萼片狭，边缘有细锯齿；唇瓣常 3 裂，少有不裂或 4 裂，边缘有时呈啮蚀状或有流苏，侧裂片常围抱蕊柱。全属约 331 种，主要分布于亚洲热带地区。我国约 29 种，分布于长江流域以南；浙江有 2 种，百山祖国家公园及联动区记录到 1 种。

90 小叶鸢尾兰
Oberonia japonica (Maxim.) Makino

【花 果 期】花期 5—6 月。

【分　　布】见于龙泉市（凤山、披云山）等地，海拔 900～1100 m。

【生　　境】附生于路旁树干或岩石上。

【类　　别】少见。

【用　　途】有较高的观赏价值。

图片源自 PPBC id: 5818692　摄影: 陈炳华

图片源自 PPBC id: 8366033　摄影: 王璐

四十四、沼兰属 *Malaxis* Sol. ex Sw.

多年生地生草本，较少为半附生或附生。通常具多节的肉质茎或假鳞茎，外面常被有膜质鞘。叶通常 2~8，稀 1 枚，草质或膜质，近基生或茎生，基部收狭成明显的柄；叶柄无关节。花葶顶生，通常直立，无翅或罕具狭翅；总状花序具数花或数十花；苞片宿存；花较小；萼片离生，相似或侧萼片较短而宽，通常展开；花瓣条形或条状披针形；唇瓣通常位于上方，极少位于下方，不裂或 2 裂、3 裂，有时先端具齿或流苏状齿，基部常有 1 对向蕊柱两侧延伸的耳，较少无耳或耳向两侧横展。蒴果较小，椭圆球形至球形。全属约 300 种，分布于全球热带和亚热带地区，少数也分布于温带地区。我国有 21 种，主要分布于西南至东南各地；浙江有 4 种，百山祖国家公园及联动区记录到 2 种，有文献记载龙泉市有分布的阔叶沼兰，本次调查未记录到野外分布。

91 浅裂沼兰
Malaxis acuminata D. Don

【花 果 期】花期 6—7 月。

【分　　布】见于遂昌县妙高镇（白马山）和景宁畲族自治县等地，海拔 800～1400 m。

【生　　境】生于山谷林下、溪谷旁。

【类　　别】少见。

92 小沼兰

Malaxis microtatantha (Schltr.) Tang et F.T. Wang

【花 果 期】花期 3—4 月，果期 11 月。

【分　　布】见于景宁畲族自治县九龙乡、遂昌县黄沙腰镇（九龙山）、龙泉市小梅镇及屏南镇（凤阳山）、青田县祯埠镇（师姑湖）和缙云等地，海拔 50～800 m。

【生　　境】生于山谷林下、溪谷旁。

【类　　别】少见。

四十五、朱兰属 *Pogonia* Juss.

多年生地生草本。较小，常有直生的短根状茎以及细长而稍肉质的根，有时有纤细横走的茎。茎中上部具 1 叶。叶片扁平，椭圆形至长圆状披针形，草质至稍肉质，基部具抱茎的鞘，无关节。花中等大，通常单花顶生，少有 2 或 3 花；苞片叶状，但明显小于叶，宿存；萼片离生；花瓣通常较萼片略宽而短；唇瓣 3 裂或近于不裂，基部无距，前部或中裂片上常有流苏状或髯毛状附属物。全属共 4 种，分布于东亚与北美洲。我国有 3 种，几乎分布于全国；浙江有 1 种，百山祖国家公园及联动区记录到 1 种。

93 朱兰
Pogonia japonica Rchb. f.

【花 果 期】花期 5—6 月，果期 8—9 月。

【分　　布】见于景宁畲族自治县东坑镇、莲都区老竹镇和庆元县、龙泉市、青田县、缙云县等地，海拔 300～800 m。

【生　　境】生于山顶、湿地灌草丛中或山谷林下湿润地。

【类　　别】少见。

【保护级别】《中国物种红色名录》近危。

四十六、竹叶兰属 *Arundina* Blume

多年生地生草本。地下具粗壮的根状茎。茎从根状茎长出，丛生，长而直立，具多枚互生叶。叶二列，禾叶状，基部具关节和抱茎的鞘。花序顶生，不分枝或稍分枝，具少数花；苞片小，宿存；花大，粉红色或白色；萼片相似，侧萼片常靠合；花瓣明显宽于萼片；唇瓣贴生于蕊柱基部，3 裂，基部无距，侧裂片围抱蕊柱，中裂片伸展，唇盘上有纵褶片。全属有 1 或 2 种，分布于亚洲热带地区至大洋洲一些岛屿。我国有 1 种，分布于东南至西南各地；浙江也有，百山祖国家公园及联动区记录到 1 种。

94 竹叶兰
Arundina graminifolia (D. Don) Hochr.

【花 果 期】花期 9—10 月，果期 10—11 月。

【分　　布】见于庆元县百山祖镇（百山祖）、青田县季宅乡、缙云县石笕乡和龙泉市、莲都区、景宁畲族自治县等地，海拔 200～1600 m。

【生　　境】生于溪谷山坡草地上、林缘或溪边草丛中。

【类　　别】少见。

四十七、盂兰属 *Lecanorchis* Blume

腐生草本。根状茎圆柱状，细长，稍坚硬或近肉质，分枝或不分枝。茎纤细，近直立，疏生鳞片状鞘，无绿叶。总状花序顶生，通常具数朵至 10 余花；花苞片小，膜质；花小或中等大，通常扭转；在子房顶端和花序基部之间具 1 个杯状物（副萼），杯状物上方靠近花被基部处有离层；萼片与花瓣离生，相似；唇瓣基部有爪，通常爪的边缘与蕊柱合生成管，罕有不合生，上部 3 裂或不裂；唇盘上常被毛或具乳头状突起，无距。全属约 10 种，分布于东南亚至太平洋岛屿，北达日本及我国南部。我国 4 种，浙江有 1 种。百山祖国家公园及联动区记录到 1 种。

95 盂兰
Lecanorchis japonica Blume

【花 果 期】花期 5—6 月，果期 8 月。

【分　　布】见于景宁畲族自治县，海拔 800～1000 m。

【生　　境】生于林下阴湿地。

【类　　别】罕见。

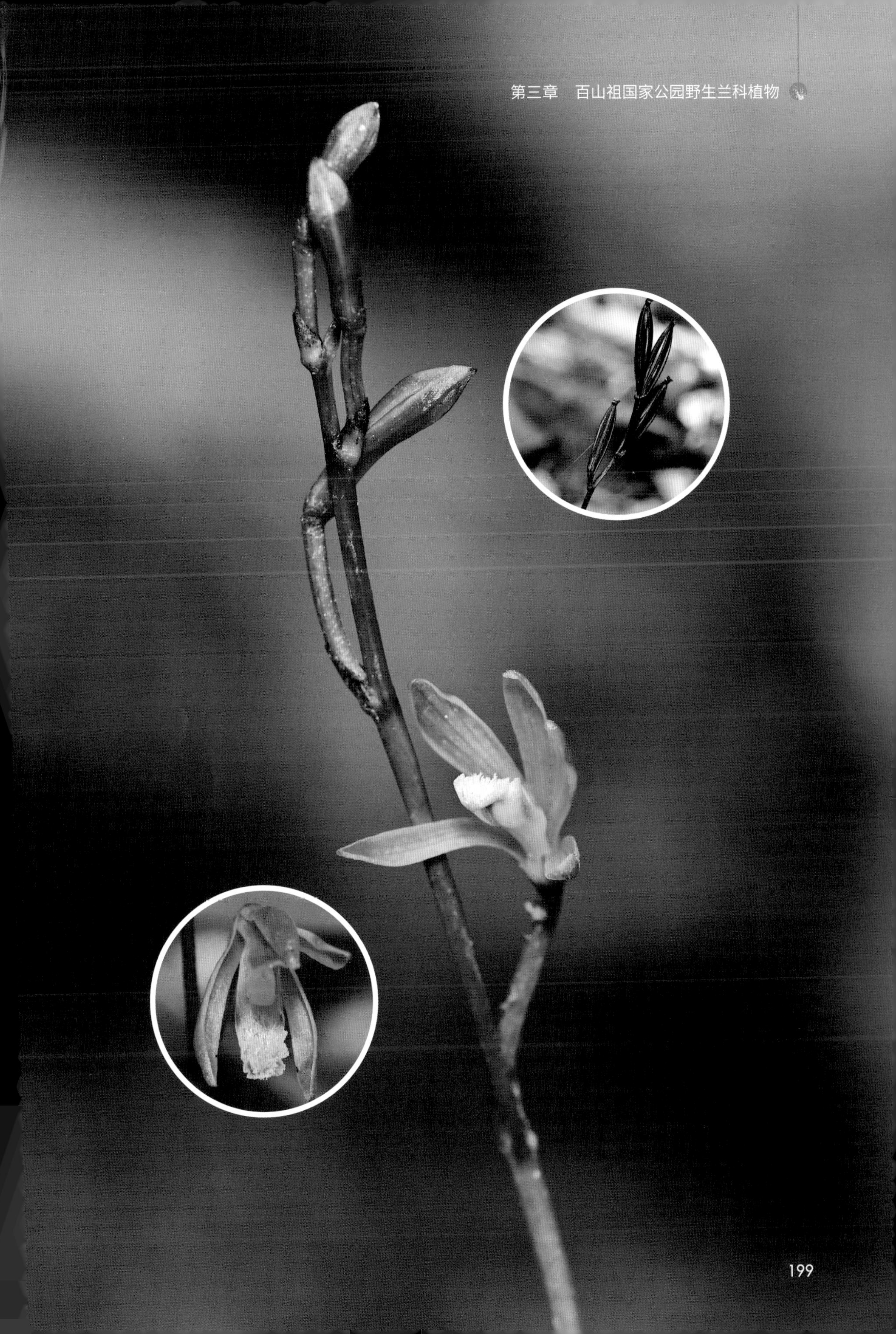

参考文献

陈炳华，孙丽娟，卢亚红，等，2019. 福建省野生兰科植物分布新记录 8 种 [J]. 植物资源与环境学报，28(4) : 113-115.

陈心启，吉占和，郑远方，2003. 中国兰花全书 [M]. 北京：中国林业出版社：275-281.

邓朝义，黎剑，黄凌昌，等，2020. 贵州省黔西南州野生石斛种质资源调查研究 [J]. 河南农业，(26)：30-31.

邓小祥，陈贻科，饶文辉，等，2016. 罗氏石斛，中国兰科一新种 [J]. 植物科学学报，34(1) : 8-12.

高旭珍，康永祥，张利利，等，2020. 秦岭兰科植物地理区系特征 [J]. 植物研究，40(1): 18-28.

弓莉，罗建，林玲，2020. 南迦巴瓦兰科植物多样性及垂直分布格局 [J]. 高原农业，4(5): 499-505.

胡会强，余泽平，王国兵，等，2019. 江西兰科药用植物资源调查 [J]. 中国实验方剂学杂志，25(21): 148-154.

金伟涛，向小果，金效华，2015. 中国兰科植物属的界定：现状与展望 [J]. 生物多样性，23(2): 237-242.

郎楷永，1999. 中国植物志：第十九卷 [M]. 北京：科学出版社.

李根有，丁炳扬，金孝锋，等，2021. 浙江植物志（新编）：第十卷 [M]. 杭州：浙江科学技术出版社：428-551.

李述万，2017. 广西雅长兰科植物国家级自然保护区维管束植物物种多样性研究 [D]. 桂林：广西师范大学.

林峰，谢文远，王健生，等，2021. 浙江兰科植物新资料 [J]. 浙江林业科技，41(6): 79-85.

邵玲，梁广坚，刘楠. 广东肇庆高要地区金线莲种质资源调查 [C]// 中国植物学会八十五周年学术年会论文摘要汇编 (1993—2018).2018.

沈宝涛，罗火林，唐静，等，2017. 九连山兰科植物资源的调查与分析 [J]. 沈阳农业大学学报，48(5): 597-603.

王喜龙，土艳丽，文雪梅，等，2018. 藏东南兰科植物多样性及其沿海拔梯度的分布格局 [J]. 中南林业科技大学学报，38(12): 45-51.

韦艺，谢代祖，韦林，等，2020. 广西河池市野生兰科植物资源分布调查 [J]. 广西林业科学，49(4): 565-574.

徐洪峰,谢文远,刘西,等,2021.浙江兰科植物新记录（Ⅱ）[J].浙江林业科技,41(5)：74-79.

徐志辉,蒋宏,叶德平,等,2009.云南野生兰花 [M].昆明：云南科技出版社：27-485.

杨霁琴,满自红,付殿霞,等,2021.甘肃连城国家级自然保护区兰科植物多样性及保护 [J].内蒙古林业调查设计,44(1)：56-60.

杨林森,王志先,王静,等,2017.湖北兰科植物多样性及其区系地理特征 [J].广西植物,37(11)：1428-1442.

余东莉,杨正斌,宋志勇,等,2018.西双版纳坝区独生古树附生兰科植物多样性研究 [J].林业调查规划,43(4)：207-212.

张殷波,杜昊东,金效华,等,2015.中国野生兰科植物物种多样性与地理分布 [J].科学通报,60(2)：179-188.

张玉武,杨红萍,陈波,等,2009.中国兰科植物研究进展概述 [J].贵州科学,27(4)：78-85.

中国科学院植物研究所,2002.中国高等植物图鉴：第五册 [M].北京：科学出版社：100-819.

CHASE MW, CAMERON KM, FREUDENSTEIN JV, et al., 2015. An Updated Classification of Orchidaceae [J]. Botanical Journal of Linnean Society, 177: 151-174.

CHEN XINQI, LIU ZHONGJIAN, ZHU GUANGHUA, et al., 2009. Flora of China, Volume 25[M]. Beijing; Science Press/St. louis:Missouri Botanical Garden Press: 236-245.

中文名索引

B

白及　012
斑唇卷瓣兰　114
斑叶兰　014
苞舌兰　026
波密斑叶兰　016

C

叉唇角盘兰　062
齿瓣石豆兰　116
齿突羊耳蒜　176
春兰　074
葱叶兰　032
长苞羊耳蒜　168
长唇羊耳蒜　170
长须阔蕊兰　070
长叶山兰　096
长轴白点兰　010

D

大花斑叶兰　018
大花无柱兰　152
大明山舌唇兰　112
大序隔距兰　052
带唇兰　034
带叶兰　036
单叶厚唇兰　058
杜鹃兰　042
短茎萼脊兰　044
短距槽舌兰　028
多花兰　076
多叶斑叶兰　020

E

鹅毛玉凤花　178

二叶兜被兰　038

F

反瓣虾脊兰　156
梵净山石斛　128
风兰　046

G

高山蛤兰　048
钩距虾脊兰　158
广东石豆兰　118
蛤兰　050

H

寒兰　080
黄花鹤顶兰　056
黄山舌唇兰　100
黄松盆距兰　092
蕙兰　078

J

尖叶火烧兰　060
见血青　172
建兰　082
剑叶虾脊兰　160
金兰　144
金线兰　064

K

宽距兰　068
盔花舌喙兰　154

L

莲花卷瓣兰　126

裂瓣玉凤花　180
瘤唇卷瓣兰　120
罗氏石斛　134
落叶兰　084
绿花斑叶兰　022

M

毛药卷瓣兰　122
密花舌唇兰　102

N

宁波石豆兰　124

Q

浅裂沼兰　190
翘距虾脊兰　162
纤叶钗子股　030

R

日本对叶兰　088
绒叶斑叶兰　024

S

舌唇兰　104
湿地玉凤花　182
十字兰　186
绶草　138

T

台湾独蒜兰　040
台湾盆距兰　090
台湾吻兰　148
天麻　142
铁皮石斛　130

兔耳兰　086

W

尾瓣舌唇兰　106
无柱兰　150
蜈蚣兰　054

X

细花虾脊兰　166
细茎石斛　132
细叶石仙桃　136
虾脊兰　164
狭穗阔蕊兰　072
线叶十字兰　184
香港绶草　140
香花羊耳蒜　174
小花蜻蜓兰 / 东亚舌唇兰　108
小舌唇兰　110
小叶鸢尾兰　188
小沼兰　192
血红肉果兰　094

Y

银兰　146
盂兰　198

Z

浙江金线兰　066
直立山珊瑚　098
朱兰　194
竹叶兰　196

百山祖国家公园野生兰科植物名录

序号	生活型	属名	中文名	拉丁学名	保护级别	中国红色名录	IUCN红色名录	CITES附录	分布
1	附生	白点兰属	长轴白点兰	*Thrixspermum saruwatarii*		NT	NE	附录Ⅱ	遂昌、龙泉、景宁
2	地生	白及属	白及	*Bletilla striata*	Ⅱ级	EN	NE	附录Ⅱ	莲都、缙云、遂昌、云和、龙泉、庆元、景宁、青田
3	地生	斑叶兰属	斑叶兰	*Goodyera schlechtendaliana*		NT	NE	附录Ⅱ	莲都、青田、缙云、遂昌、松阳、云和、龙泉、庆元、景宁
4	地生	斑叶兰属	波密斑叶兰	*Goodyera bomiensis*		VU	NE	附录Ⅱ	景宁、遂昌、青田
5	地生	斑叶兰属	大花斑叶兰	*Goodyera biflora*		NT	NE	附录Ⅱ	遂昌、松阳、庆元、景宁、莲都、龙泉
6	地生	斑叶兰属	多叶斑叶兰	*Goodyera foliosa*		LC	NE	附录Ⅱ	景宁、庆元、莲都、青田
7	地生	斑叶兰属	绿花斑叶兰	*Goodyera viridiflora*		LC	NE	附录Ⅱ	莲都、庆元、景宁、缙云、龙泉、遂昌、云和、青田
8	地生	斑叶兰属	绒叶斑叶兰	*Goodyera velutina*		LC	NE	附录Ⅱ	遂昌、松阳、龙泉、庆元
9	地生	苞舌兰属	苞舌兰	*Spathoglottis pubescens*		LC	NE	附录Ⅱ	遂昌、龙泉
10	附生	槽舌兰属	短距槽舌兰	*Holcoglossum flavescens*		VU	NE	附录Ⅱ	遂昌、龙泉、庆元
11	附生	钗子股属	纤叶钗子股	*Luisia hancockii*		LC	NE	附录Ⅱ	青田、龙泉、庆元、景宁、缙云
12	地生	葱叶兰属	葱叶兰	*Microtis unifolia*		LC	NE	附录Ⅱ	莲都
13	地生	带唇兰属	带唇兰	*Tainia dunnii*		NT	NE	附录Ⅱ	莲都、青田、缙云、遂昌、松阳、云和、龙泉、庆元、景宁
14	附生	带叶兰属	带叶兰	*Taeniophyllum glandulosum*		LC	NE	附录Ⅱ	龙泉、景宁、青田
15	地生	兜被兰属	二叶兜被兰	*Neottianthe cucullata*		VU	NE	附录Ⅱ	龙泉、遂昌、松阳、庆元
16	地生	独蒜兰属	台湾独蒜兰	*Pleione formosana*	Ⅱ级	VU	VU	附录Ⅱ	莲都、青田、缙云、遂昌、松阳、云和、龙泉、庆元、景宁
17	地生	杜鹃兰属	杜鹃兰	*Cremastra appendiculata*	Ⅱ级	NT	NE	附录Ⅱ	景宁、龙泉、云和

注：IUCN（《世界自然保护联盟濒危物种红色名录》）；CITES（《华盛顿公约》）；DD 为数据缺乏，LC 为无危，NT 为近危，VU 为易危，EN 为濒危，CR 为极危，EW 为野外灭绝，EX 为灭绝。

（续表）

序号	生活型	属名	中文名	拉丁学名	保护级别	中国红色名录	IUCN红色名录	CITES附录	分布
18	附生	萼脊兰属	短茎萼脊兰	*Sedirea subparishii*		EN	NE	附录Ⅱ	莲都、龙泉、庆元、景宁、松阳、青田
19	附生	风兰属	风兰	*Neofinetia falcata*		EN	NE	附录Ⅱ	莲都、松阳、云和、庆元、景宁、青田
20	附生	蛤兰属	高山蛤兰	*Conchidium japonicum*		LC	NE	附录Ⅱ	遂昌、缙云、景宁
21	附生	蛤兰属	蛤兰	*Conchidium pusillum*		LC	LC	附录Ⅱ	景宁
22	附生	隔距兰属	大序隔距兰	*Cleisostoma paniculatum*		LC	NE	附录Ⅱ	庆元
23	附生	隔距兰属	蜈蚣兰	*Cleisostoma scolopendrifolium*		LC	NE	附录Ⅱ	莲都、庆元、缙云、松阳、景宁、青田
24	地生	鹤顶兰属	黄花鹤顶兰	*Phaius flavus*		LC	NE	附录Ⅱ	莲都、遂昌、龙泉、庆元、景宁、青田、缙云
25	附生	厚唇兰属	单叶厚唇兰	*Epigeneium fargesii*		LC	NE	附录Ⅱ	莲都、缙云、龙泉、景宁、青田、庆元
26	地生	火烧兰属	尖叶火烧兰	*Epipactis thunbergii*		VU	NE	附录Ⅱ	莲都、青田、景宁
27	地生	角盘兰属	叉唇角盘兰	*Herminium lanceum*		LC	NE	附录Ⅱ	庆元、龙泉、遂昌
28	地生	金线兰属	金线兰	*Anoectochilus roxburghii*	Ⅱ级	EN	NE	附录Ⅱ	莲都、青田、缙云、遂昌、松阳、云和、龙泉、庆元、景宁
29	地生	金线兰属	浙江金线兰	*Anoectochilus zhejiangensis*	Ⅱ级	EN	EN	附录Ⅱ	遂昌、松阳
30	腐生	宽距兰属	宽距兰	*Yoania japonica*		EN	LC	附录Ⅱ	遂昌、龙泉、庆元
31	地生	阔蕊兰属	长须阔蕊兰	*Peristylus calcaratus*		LC	NE	附录Ⅱ	庆元、莲都、缙云、遂昌、景宁
32	地生	阔蕊兰属	狭穗阔蕊兰	*Peristylus densus*		LC	NE	附录Ⅱ	庆元、龙泉
33	地生	兰属	春兰	*Cymbidium goeringii*	Ⅱ级	VU	NE	附录Ⅱ	莲都、青田、缙云、遂昌、松阳、云和、龙泉、庆元、景宁
34	附生	兰属	多花兰	*Cymbidium floribundum*	Ⅱ级	VU	NE	附录Ⅱ	莲都、青田、缙云、遂昌、松阳、云和、龙泉、庆元、景宁
35	地生	兰属	蕙兰	*Cymbidium faberi*	Ⅱ级	LC	NE	附录Ⅱ	莲都、青田、缙云、遂昌、松阳、云和、龙泉、庆元、景宁
36	地生	兰属	寒兰	*Cymbidium kanran*	Ⅱ级	VU	NE	附录Ⅱ	莲都、遂昌、松阳、龙泉、庆元、景宁、青田、云和、缙云
37	地生	兰属	建兰	*Cymbidium ensifolium*	Ⅱ级	VU	NE	附录Ⅱ	莲都、遂昌、云和、龙泉、庆元、景宁、青田、缙云、松阳

(续表)

序号	生活型	属名	中文名	拉丁学名	保护级别	中国红色名录	IUCN红色名录	CITES附录	分布
38	地生	兰属	落叶兰	*Cymbidium defoliatum*	Ⅱ级	EN	EN	附录Ⅱ	松阳、龙泉
39	地生	兰属	兔耳兰	*Cymbidium lancifolium*		LC	NE	附录Ⅱ	龙泉、庆元
40	地生	对叶兰属	日本对叶兰	*Listera japonica*		VU	NE	附录Ⅱ	景宁、庆元
41	附生	盆距兰属	台湾盆距兰	*Gastrochilus formosanus*		NT	NE	附录Ⅱ	龙泉、景宁
42	附生	盆距兰属	黄松盆距兰	*Gastrochilus japonicus*		VU	NE	附录Ⅱ	龙泉、景宁
43	腐生	肉果兰属	血红肉果兰	*Cyrtosia septentrionalis*		VU	NE	附录Ⅱ	莲都、遂昌、景宁
44	地生	山兰属	长叶山兰	*Oreorchis fargesii*		NT	NE	附录Ⅱ	遂昌、庆元
45	腐生	山珊瑚属	直立山珊瑚	*Galeola falconeri*		VU	NE	附录Ⅱ	遂昌、莲都、景宁
46	地生	舌唇兰属	黄山舌唇兰	*Platanthera whangshanensis*		VU	NE	附录Ⅱ	莲都、遂昌、龙泉、景宁
47	地生	舌唇兰属	密花舌唇兰	*Platanthera hologlottis*		LC	NE	附录Ⅱ	莲都、青田、缙云、景宁、庆元
48	地生	舌唇兰属	舌唇兰	*Platanthera japonica*		LC	NE	附录Ⅱ	遂昌、龙泉、庆元、景宁
49	地生	舌唇兰属	尾瓣舌唇兰	*Platanthera mandarinorum*		LC	NE	附录Ⅱ	莲都、松阳、龙泉、庆元
50	地生	舌唇兰属	东亚舌唇兰	*Platanthera ussuriensis*		NT	NE	附录Ⅱ	莲都、缙云、遂昌、松阳、云和、龙泉、庆元、景宁
51	地生	舌唇兰属	小舌唇兰	*Platanthera minor*		LC	NE	附录Ⅱ	缙云、遂昌、云和、龙泉、庆元、青田、松阳
52	地生	舌唇兰属	大明山舌唇兰	*Platanthera damingshanica*		VU	NE	附录Ⅱ	莲都
53	附生	石豆兰属	斑唇卷瓣兰	*Bulbophyllum pecten-veneris*		LC	NE	附录Ⅱ	云和、龙泉、庆元、青田
54	附生	石豆兰属	齿瓣石豆兰	*Bulbophyllum levinei*		LC	NE	附录Ⅱ	莲都、缙云、遂昌、庆元、景宁、青田、龙泉、云和
55	附生	石豆兰属	广东石豆兰	*Bulbophyllum kwangtungense*		LC	NE	附录Ⅱ	莲都、青田、缙云、遂昌、松阳、云和、龙泉、庆元、景宁
56	附生	石豆兰属	瘤唇卷瓣兰	*Bulbophyllum japonicum*		LC	NE	附录Ⅱ	莲都、松阳、庆元、龙泉
57	附生	石豆兰属	毛药卷瓣兰	*Bulbophyllum omerandrum*		NT	NE	附录Ⅱ	莲都、景宁、青田、遂昌、松阳、龙泉
58	附生	石豆兰属	宁波石豆兰	*Bulbophyllum ningboense*		NE	NE	附录Ⅱ	景宁、莲都
59	附生	石豆兰属	莲花卷瓣兰	*Bulbophyllum hirundinis*		NT	NE	附录Ⅱ	缙云

(续表)

序号	生活型	属名	中文名	拉丁学名	保护级别	中国红色名录	IUCN红色名录	CITES附录	分布
60	附生	石斛属	梵净山石斛	*Dendrobium fanjingshanense*	II级	EN	NE	附录II	遂昌
61	附生	石斛属	铁皮石斛	*Dendrobium officinale*	II级	CR	CR	附录II	莲都、缙云
62	附生	石斛属	细茎石斛	*Dendrobium moniliforme*	II级	NE	NE	附录II	莲都、遂昌、龙泉、庆元、景宁
63	附生	石斛属	罗氏石斛	*Dendrobium luoi*	II级	NE	NE	附录II	遂昌
64	附生	石仙桃属	细叶石仙桃	*Pholidota cantonensis*		LC	NE	附录II	莲都、青田、云和、庆元、景宁、松阳、龙泉、缙云、遂昌
65	地生	绶草属	绶草	*Spiranthes sinensis*		LC	LC	附录II	莲都、青田、缙云、遂昌、松阳、云和、龙泉、庆元、景宁
66	地生	绶草属	香港绶草	*Spiranthes hongkongensis*		NE	NE	附录II	莲都、庆元、景宁、青田、缙云、遂昌、龙泉、云和、松阳
67	腐生	天麻属	天麻	*Gastrodia elata*	II级	DD	VU	附录II	遂昌、龙泉、庆元
68	地生	头蕊兰属	金兰	*Cephalanthera falcata*		LC	NE	附录II	莲都、缙云、遂昌、龙泉、庆元、景宁
69	地生	头蕊兰属	银兰	*Cephalanthera erecta*		LC	NE	附录II	龙泉、庆元、景宁、遂昌
70	地生	吻兰属	台湾吻兰	*Collabium formosanum*		LC	NE	附录II	景宁、庆元
71	地生	无柱兰属	无柱兰	*Amitostigma gracile*		LC	NE	附录II	莲都、青田、缙云、遂昌、松阳、云和、龙泉、庆元、景宁
72	地生	无柱兰属	大花无柱兰	*Amitostigma pinguicula*		CR	NE	附录II	莲都、缙云、遂昌、龙泉、庆元、景宁、青田、松阳、云和
73	地生	舌喙兰属	盔花舌喙兰	*Hemipilia galeata*		LC	EN	附录II	遂昌、松阳、庆元
74	地生	虾脊兰属	反瓣虾脊兰	*Calanthe reflexa*		LC	NE	附录II	庆元
75	地生	虾脊兰属	钩距虾脊兰	*Calanthe graciliflora*		NT	NE	附录II	莲都、青田、缙云、遂昌、松阳、云和、龙泉、庆元、景宁
76	地生	虾脊兰属	剑叶虾脊兰	*Calanthe davidii*		LC	NE	附录II	莲都、青田、景宁
77	地生	虾脊兰属	翘距虾脊兰	*Calanthe aristulifera*		NT	NE	附录II	遂昌、景宁
78	地生	虾脊兰属	虾脊兰	*Calanthe discolor*		LC	NE	附录II	缙云、遂昌、松阳、龙泉
79	地生	虾脊兰属	细花虾脊兰	*Calanthe mannii*		LC	NE	附录II	景宁
80	附生	羊耳蒜属	长苞羊耳蒜	*Liparis inaperta*		CR	NE	附录II	松阳、青田、庆元、遂昌

（续表）

序号	生活型	属名	中文名	拉丁学名	保护级别	中国红色名录	IUCN红色名录	CITES附录	分布
81	地生	羊耳蒜属	长唇羊耳蒜	*Liparis pauliana*		LC	NE	附录Ⅱ	松阳、遂昌、龙泉、庆元、景宁、青田
82	地生	羊耳蒜属	见血青	*Liparis nervosa*		LC	NE	附录Ⅱ	莲都、青田、缙云、遂昌、松阳、云和、龙泉、庆元、景宁
83	地生	羊耳蒜属	香花羊耳蒜	*Liparis odorata*		LC	NE	附录Ⅱ	松阳、云和、龙泉、庆元、景宁、莲都
84	地生	羊耳蒜属	齿突羊耳蒜	*Liparis rostrata*		DD	NE	附录Ⅱ	莲都、松阳、景宁
85	地生	玉凤花属	鹅毛玉凤花	*Habenaria dentata*		LC	NE	附录Ⅱ	莲都、遂昌、松阳、云和、龙泉、庆元、景宁
86	地生	玉凤花属	裂瓣玉凤花	*Habenaria petelotii*		DD	NE	附录Ⅱ	景宁、青田
87	地生	玉凤花属	湿地玉凤花	*Habenaria humidicola*		LC	NE	附录Ⅱ	景宁、遂昌
88	地生	玉凤花属	线叶十字兰	*Habenaria linearifolia*		NT	NE	附录Ⅱ	莲都、缙云、龙泉、庆元、景宁、云和
89	地生	玉凤花属	十字兰	*Habenaria schindleri*		VU	NE	附录Ⅱ	缙云、庆元、龙泉、莲都
90	附生	鸢尾兰属	小叶鸢尾兰	*Oberonia japonica*		LC	NE	附录Ⅱ	龙泉
91	地生	沼兰属	浅裂沼兰	*Malaxis acuminata*		LC	NE	附录Ⅱ	遂昌、景宁
92	地生	沼兰属	小沼兰	*Malaxis microtatantha*		NT	NE	附录Ⅱ	缙云、遂昌、景宁、龙泉、青田
93	地生	朱兰属	朱兰	*Pogonia japonica*		NT	NE	附录Ⅱ	莲都、青田、缙云、景宁、龙泉、庆元
94	地生	竹叶兰属	竹叶兰	*Arundina graminifolia*		LC	NE	附录Ⅱ	莲都、龙泉、庆元、景宁、青田、缙云
95	腐生	盂兰属	盂兰	*Lecanorchis japonica*		LC	NE	附录Ⅱ	景宁